所以你想大吵一架吗？

WORK STORMING: Why Conversations at Work Go Wrong, and How to Fix Them

[英] 罗布·肯德尔（Rob Kendall）著

王 青 译

科学技术文献出版社

·北京·

图书在版编目（CIP）数据

所以你想大吵一架吗 / (英) 罗布·肯德尔(Rob Kendall) 著；王青译.
— 北京：科学技术文献出版社，2022.8
书名原文：WORK STORMING: Why conversations at work go wrong, and how to fix them
ISBN 978-7-5189-9316-1

Ⅰ.①所… Ⅱ.①罗… ②王… Ⅲ.①情绪 — 自我控制 — 通俗读物
Ⅳ.①B842.6-49

中国版本图书馆 CIP 数据核字（2022）第110517号

著作权合同登记号　图字：01-2022-3241
本书中文简体版权经由锐拓传媒取得　Email:copyright@rightol.com
Design and typoraghy copyright © Watkins Media Limited 2016
Text copyright © Rob Kendall 2016
The simplified Chinese translation rights arranged through Rightol Media

所以你想大吵一架吗？

责任编辑：王黛君　宋嘉婧　　责任校对：王瑞瑞　　责任出版：张志平

出　版　者	科学技术文献出版社	
地　　　址	北京市复兴路 15 号　邮编：100038	
编　务　部	（010）58882938，58882087（传真）	
发　行　部	（010）58882868，58882870（传真）	
邮　购　部	（010）58882873	
官方网址	www.stdp.com.cn	
发　行　者	科学技术文献出版社发行　全国各地新华书店经销	
印　刷　者	唐山富达印务有限公司	
版　　　次	2022年8月第1版　2022年8月第1次印刷	
开　　　本	880×1230　1/32	
字　　　数	138千	
印　　　张	7	
书　　　号	ISBN 978-7-5189-9316-1	
定　　　价	55.00元	

C
O
N
T
E
N
T
S

目 录

第一章

沟通带来挑战

"怎样对话"比"说什么"更重要

工作中的谈话有时会让人抓狂。我们迫切地想改变现状，但美好的意愿往往会被误解，我们的会议可能毫无成效，精心准备的企划案在官僚主义和内部分歧前变得没有任何价值。有时，这些结果甚至与我们的实际谈话内容无关。那么，为什么我们不能进行更有效的沟通呢？

我们都倾向于责怪别人，但我们也可能是问题的一部分。我们都有过类似的经历，虽然知道自己想说什么，却苦于找不到合适的词来准确表达内心的想法。我们苦苦思索该说什么，不该说什么，反思谈话何时偏离了正轨。现实生活中，我们鲜有时间能进行反思，不断涌入的电子邮件，一直响个不停的电话，待办列表里有太多的事情等着我们去处理。我们被各种信息淹没，时常感到"筋疲力尽"；倾听不再是日用品，而是变成了一种奢侈品。我们的互动也随之变得越来越被动，交谈最终变成了心不在焉的敷衍。

只有有效的沟通，才能让一切顺畅起来。我曾经遇到过一个人，当他被问到自己的角色时，他把自己描述成一个"专业的会议出席者"；他觉得投入的时间和精力根本不匹配。我目睹了太多的企业，都是因为各种人的因素导致了沟通的不畅。

值得庆幸的是，所有这些都可以得到有效解决。我希望每个人在工作和生活中都能拥有这样的时刻，即自己的想法有人倾听，自己能在团队的激励下努力改变生活。那么，我们如何才能每天都拥有这样的时刻呢？

有效的沟通是良性互动的起点

在人类历史的大部分时间里，交谈要求说话人的距离必须在听力所及的范围内。近年来，互联网从根本上改变了人与人的交流模式。交谈可以通过电话、电子邮件、在线聊天或短信等方式实现。例如，我通过电子邮件与读者就本书进行交流时，我可以被视为发言者，而收件人则可以被视为听众。

我曾问过成千上万的人，一天当中，他们有多少精力用于不同渠道的沟通，答案通常是远高于50%。如果你是一名教师、客服人员或者经理，沟通可能占据你90%的精力，并决定你是否能取得成功。如果你从事专业技术类工作，谈话可能就显得不那么重要。例如，视觉效果行业的艺术家终日在暗室中戴着耳机，盯着电脑屏幕。即便如此，他们依然需要与他人进行交流，比如，解释澄清他们的业务内容，沟通或是讨论升职和加薪。如果他们中有人因为工作出色而被晋升为团队的领导，那么情况也许会发生翻天覆地的变化。

简而言之，沟通对我们每个人的工作会产生很大影响，很多企业的成功在很大程度上取决于内部人员互动的质量。

改进是为了做得更好

如果我们认同谈话在工作和生活中起着主导作用，那么，我们的学生时代应该多少提供一些相关的训练。但事实并非如此，学校提供的听说类课程很少，很多学校甚至没有相关课程，很多人认为学习谈话就像学习走路一样，要在实践中反复尝试摸索。在职场中，情况亦是如此。

我们往往重视对新入职员工的技术培训，因此我们的大部分关于谈话的学习都是在工作实践中进行的。当我们试着把工作成果呈现给同事，主持有难度的会议或给出负面反馈时，我们会在这些过程中获得宝贵经验，但更有可能在无意识中养成不良的习惯。很多人都会在职场中犯这样那样的错误：随意打断别人、抢话题、在辩论中跑题。你是否厌倦了这类情况？你是否也曾不断追问自己有没有更好的解决方案？

答案是肯定的！我们都可以做得更好。尽管我学习了二十多年的艺术、科学和对话技巧，但我仍然需要接受挑战，不断地提高自己。我倒是真心希望能自我催眠成功，哄骗自己相信在这方面我已经达到登峰造极的程度。

倾听自己的心声

在我18岁时，我对自己感到失望。我对未来从事什么职业完全没有头绪。我因为想要逃避这种无法做出决定的不安情绪而去了印度。在印度，我在一个康复中心工作，为那些戴假肢的截肢者提供帮助。这些人来自印度北部的贫民区，他们中的大多数人是在可怕的交通事故中遭遇截肢的。因为文化和背景的隔阂，我听不懂他们的语言，也不了解他们的世界，无法真正帮助他们做些什么。

后来，一切因为一起喝茶而变得不同。既然我没什么好说的，我就尽力聆听。日子一天天过去，他们通过翻译告诉我自己的故事，我真切地感受到语言和文化的障碍正在消失。我打破尴尬，在素描本上画出了他们的肖像。因为没有接受过专业训练，我的画看起来非常一般，但我这个看起来很愚蠢的举动似乎拉近了与他们的距离。慢慢地，在他们给予我的信任中，我发现我可以真正帮助他们了。在远离家乡的另一个世界，在我第一份真正的工作中，我听到了自己的心声。

回到英国，现实给我当头一棒。我在洗衣房和仓库做过临时工，也挨家挨户地推销过美术品。我上了大学，拿到了学位，但不知道这一纸文凭对我有什么用处。我从没想过在接下来的 28 年里，我会成为一个艺术家，与他人共同管理一家小型商业咨询公司，成为英国电影和电视艺术学院奖、艾美奖视觉效果公司的非执行董事和一名作家。作为一名顾问，我有幸与欧洲、亚洲、非洲，澳大利亚和美国的不同团队合作，我经历过初创企业的艰难生存期和合资企业的一些隐性矛盾埋伏期，也挑战过大型项目。我所承担的各种角色，让我有机会从各个视角——从会议室到员工食堂——观察人们如何交谈。

无论是与一个领导着 5 万名员工的 CEO 合作，还是与一个即将进入职场的大学毕业生一起工作，我都问过自己同样的问题：无论你周边环境如何，在哪里工作，你该如何倾听自己的心声，如何帮助别人倾听自己的心声？你该如何沟通，让周围的人变得与众不同？

这就是你需要这本书的原因。

这本书将如何帮助你

本书的目的是在你经历工作和生活的起起落落时支持你，让你能够：

· 为艰难的谈话做好准备并最终取得成功。

· 对谈话中出现意料之外的状况（分歧、挑衅、对抗、困惑、难以相处的性格和高压时刻）做出反应，这样即使其他人失去了谈话重心，你仍能保持定力。

· 了解如何通过谈话发掘新的想法和机会，并将其转化为有效的行动。

· 从过往的或良性或恶性的互动中汲取经验，掌握修复关系的方法。

在任何一种情况下，衡量有效谈话的标准是它对你和与你交谈的人都有效。不管你认为自己表达得有多好，你的表现评判权都在对方手里。

不管你在职场中的职位及角色是什么，本书都能为你提供指引。本书用具体案例来演示交谈是如何出错的，并为读者提供切实可行的解决问题的方案。本书列举了面临各种挑战的一系列不同的人物：

芬恩是政府的初级政策顾问。他受够了现在这份工作，他觉得被老板莉齐忽视了。在找新工作时，他的谈判技巧受到了考验。

哈里是一位连续创业者，目前正在推出一款新的社交媒体应用程序。他满脑子里都是想法，但在他的想法出炉之前很容易反应过度，说话过度，事后又自责不已。

杰克是一家体育零售企业的区域经理。他讲话语速很快，没有时间听部门经理欧娜的话，他只想欧娜提升她的销售业绩。

露易丝是一所小学领导小组的成员。她喜欢教书，但她和学校的主任**马特**有冲突，因为他们的交流方式截然不同。

玛莎在一家医院的重症监护室做志愿者。每天，她都要与患者家属进行很艰难的交流。

玛雅是一家全球消费品公司的部门营销主管。她努力在一个男性主导的环境中找到自己的声音，并与她的老板**卢卡斯**进行讨论。

拉斐尔是一家金融服务公司的 IT 项目经理。他在与中国同行**刘伟**交谈时，对文化差异有了深刻的理解。

赛伊是一名施工经理，也是学校老师**露易丝**的丈夫。他在到底是接受独裁老板**卡尔**的要求还是忠实于自己的内心想法之间摇摆不定，内心痛苦。

瑞拉是一家电信公司的运营总监，管理 1000 多名员工，每天忙忙碌碌，她总感觉时间不够用。当她的得力助手**亚历克斯**说他想辞职时，她感到非常震惊。

佐伊拥有一家通信和现场活动机构。在白手起家建立了业务之后，她尝试着将业务委托给公司的一个重要员工**艾德**。她嫁给了企业家**哈里**。

我相信你会在本书列举的角色中看到自己的影子，因为令他们苦恼的事情并不限于某个特定职位或行业。每一章将提供一个真实有效的互动，并总结一个有效的策略和方法。我建议你先将这本书完整地读一遍，然后精读自己感兴趣的章节。

拒绝心不在焉

很多年前，我曾和一个非常优秀的人共事，他在做了 20 年的单身贵族后决定走进婚姻的殿堂。后来，他成为一名杰出的教育工作者。我们不经常见面。有一天他从伦敦来，我决定下午带他去汉普顿宫参观。

我本计划在宫殿附近转转，但他似乎对花园更感兴趣。在花园里，我还是按自己平时的步速（我平日走路就很快，几乎算是小跑）行走，但他并没有那么匆忙，还边走边问我各种花的花期。然而我真的记不起来了，因为我总是来去匆匆，对这些事不曾上心。他查阅了汉普顿庭院的历史，而我只知道亨利八世曾住在这里，除此之外一概不知。我的朋友知道我是个专业的艺术家，他停下脚步问我，一朵花上一种特殊的红色阴影的正确名称。我说我不知道。

朋友转向我，温和地说："那你究竟注意到什么了？"

我也不知自己当时嗫嚅了些什么，但第二天我明白了。我总是在上班的路上，思索当天的待办事项，在读电子邮件和开会时，盘算着接下来该做什么。日子一天天过去了，我终日浑浑噩噩，做什么事都不能全力以赴。达·芬奇曾对这种状态做了精辟的总结，他说："触摸却不用心感受，闻却嗅不到芬芳，讲话却不经思索。"

哈佛大学心理学家的一项研究表明，人们在清醒时花 46.9% 的时间去思考他们没在做的事情。这样做虽然有合理的成分，但其负面影响也是显而易见的：当我们心思游荡、无法专注时，我们就不那么快乐，人际关系开始疏远，工作效率随之降低，谈话模式也就变成了——心不在焉。

你该怎么办

开始观察

当学校老师露易丝开始关注对话动态时，她发现：

·她会在自己与同事意见不一致时加快语速，以前她从未注意到这一点。一旦她意识到，她就有意识地调节，放慢谈话的语速。

·她会在学生家长对她的教学方法提出异议时，为自己辩护，变得具有防御性。通过反思自己的反应而不是为自身行为辩护，她的情绪慢慢松弛下来。

·她以前总是私下抱怨她的同事们通过争论、等级或说太多话来控制话语权。这次，她通过沉默来控制谈话。

当你把注意力放在更高层面上时，你会更容易地领会谈话的细微差别和潜台词，更敏锐地观察语调和肢体语言的变化，并从每一个或成功或失败的互动中学习，让谈话变得更丰富、更充实，而不是听而不闻，讲话不假思索。

 第 1 课：开始留心那些你之前习焉不察的事情。

>>> 第二章

留心帮你提示危机的预警信号

如何判断危机一触即发

2010 年 5 月 10 日，星期一下午 5 时 39 分，英国的政治格局发生了巨变。在工党执政 12 年后，计票结果显示保守党在大选中赢得最多选票，但没有获得绝对多数，不足以单独执政。现在，各方焦点集中在与联合执政相关的谈判上。在这样的背景下，天空新闻台在威斯敏斯特的议会大厦外进行了现场直播。节目一开始并没有任何不同寻常之处，主持人杰里米·汤普森先对参加节目的两位嘉宾进行了介绍：天空新闻台政治部编辑亚当·博尔顿和工党前通信主管阿拉斯泰尔·坎贝尔。随后，两位嘉宾在节目上展开了一场别开生面的辩论，其激烈程度被媒体描述为"英国政坛上一个非比寻常的日子里一段精彩而激烈的片段"。

让我们从最基本的事实开始：

讲话人的切换： 在短短不足 7 分钟的对话中，讲话人切换了 85 次，其中 59 次是被打断的。

讲话时间： 在被对方打断之前，博尔顿和坎贝尔的平均发言时间仅为 4.5 秒。

语速： 普通人的正常语速约为每分钟 120 字，但当辩论达到白热化状态时，博尔顿和坎贝尔的语速飙升到每分钟 278 字。

这种情况其实并不罕见，日常工作中的激烈争辩也会落入同样的窠臼，我们可以将这种现象称之为权利法则。哪怕对方没有任何倾听的兴趣或意愿，我们仍然有一种不可抑制的冲动来表达我们的想法。正如坎贝尔和博尔顿所表现出的那种状态：

坎贝尔：好的，但我的重点是从宪法角度……

博尔顿：我要说的第二点是如果我能……

坎贝尔：我能回答第一个……

博尔顿：第二点是……

随着分歧越来越大，双方所用的措辞变得愈发激烈，且更倾向于人身攻击。坎贝尔声称，多年来博尔顿一直在说首相戈登·布朗是"一块死肉"；而博尔顿则指责对方诬陷。当坎贝尔说出"显然你因为大卫·卡梅伦当不上首相而感到非常难受"时，他们的矛盾达到了顶峰。

我认为，指责一位政治评论员缺乏客观性是激怒对方的最佳途径，很明显博尔顿中招了。他大吼着："我自己的想法不需要你告诉我，我受够了！"作为久经沙场的政坛老手，坎贝尔趁机将优势尽揽怀中，眼睛都不眨一下地说："我不管你受够了什么，你可以说任何你想说的话。"最后，主持人杰里米·汤普森客串了拳击裁判的角色，试图把失控的两人分开，无奈为时已晚，收效甚微。

我相信普通人也有类似的经历。分歧、质疑甚至激烈的辩论本身没有错，这恰恰是良性民主的重要体现。但是，如果我们能在谈话即将出错之前发现端倪并及时改变我们的做法，一切将会变得更富有成果。做到这一点，关键是交谈时避免漫不经心，要处处留心，尤其要留意谈话中出现的一些警示性迹象。

帮你提示危机的 5 个预警信号

为了防止我们踏入"禁区"，我们会用某种小工具，比如，防止我们睡过头的闹铃，汽车燃油快要耗尽的提示器，手机上的低电量警示。但更多时候，我们选择对"提示"视而不见。

努里尔·鲁比尼是一位金融分析师，他成功预测了 2007 年的金融危机。《纽约时报》的一篇文章这样描述道："他列出了一系列惨淡的事项：购房人无力偿还月供，数万亿美元的以房地产抵押担保的证券在全球范围内化为乌有，全球金融体系摇摇欲坠。"鲁比尼当时因为这些言论被视为一个怪人而遭到排挤，但后来发生的一系列事情均被他一一言中。他说，他只是关注了一些警示性迹象而已，并且多年来他仍在强调这一点，敦促全世界建立起一个金融海啸预警系统。

乍看起来，谈话的艺术似乎和金融市场一样难以预测，但通过仔细观察，我们可以通过一些蛛丝马迹辨识出这些警示性迹象。但问题是，当我们与他人的交谈出现问题时，我们并不知道问题出现在哪里，解决策略更无从谈起。

那么，如何才能判断出会议开始偏离轨道，客户关系正朝着危险的方向发展，我们与同事的交流开始不顺畅了呢？以下五点尤其需要注意：

责备——当指责和批评模式开启时，你开始变得自以为是。

责备是一种要胜人一筹的策略。在这种策略中，我们为自己的行为辩护，同时将过错转嫁给他人。这通常是由我们的情绪造成的，因此很大程度上是一种回应性行为。有两种方法可以发挥作用：

·我们会批评不在场的第三方，同时游说别人支持自己的观点。这是一个简单的把戏，因为当事人不在场。在这过程中，我们寻求道德的制高点，把对方钉在耻辱柱上，同时把自己描绘成无辜的受害者或无畏的英雄。我们能拿出的论据越多，就越觉得自己有道理。

·第二种形式的责备是面对面的对峙，这是一场直接的竞争，目的是证明自己是对的。诸如"你总是"和"你从不"这样的字眼经常会被用来支持自己的论点。我们对事实、反思或他人的观点并不在意。

如何判断你在责备别人？答案是当你把注意力放在对别人的吹毛求疵上而不是解决问题时，显然，你是在责备。

升级——当你被情绪所支配，将逻辑思维和理性讨论完全抛之脑后。

除非你努力化解这种局面，不然指责型对话会迅速升级。当一个人的情绪上升时，另一个人的情绪也会随之上升，一场小规模的"核反应"不可避免地发生了。当矛盾升级时，我们习惯于指控对方和为自己的论点找正当依据。当有人对我们做出特别恶劣的指控时，我们会表现出惊讶和无辜的样子，好像自己成了圣徒的化身。

如果你们争论的强度在快速增加，同时谈话语速也随之加快，那么毫无疑问你们的矛盾正在升级中。

"是的，但是……"——当你认为别人的意见与你的不一致，并决定对此不予理睬，或认为自己的观点不受重视而决定否决别人的解决方案时。

"是的，但是……"通常是为了礼貌地拒绝他人。它被用作句子中间的插入语，当一个人说完后，另一个人弱化其含义，就像在乒乓球比赛中把球挡回去。

如何判断你在"是的，但是……"这个阶段呢？一个很简单的方法就是，审视你们的谈话，你们是否有一方使用了这种措辞。

如果这种情况不止一次地发生，证明你们俩都没有听对方讲话。下次你和一个与自己意见相左的人对话时，注意下你们双方使用"是的，但是……"的频率。

支配性——谈话的正常流程和节奏开始瓦解，你试图控制谈话的主导权。

处于支配阶段并不一定意味着你已经卷入了一场争论中，但你在努力控制谈话或把它推向你希望的方向，交谈成了双方之间意志的较量。当你这样做的时候，谈话的自然节奏会被打破，连贯性也开始支离破碎。

如何判断自己处于支配阶段？当你们的谈话让人听起来觉得有竞争性，你注意到你开始打断对方，而不是耐心地倾听和反思的时候。

信息混杂——当你的谈话目的不明确，或在没有相互理解的情况下做出假设时。

信息混杂不是一个小问题。一项研究估计，美国和英国企业每年为之损失370亿美元。在被问及的400家公司中，99%的公司的反馈是，误解使它们的公司面临销量下降和客户满意度下降的风险。鉴于我们有时无法清晰无误地表达自己的观点，或不能准确地理解别人讲话的内容，每一次谈话都有信息混杂的可能。

如何判断自己处于信息混杂阶段呢？答案有两个：第一，对于自己讲话的内容、要采取的行动或对方的可信度没有100%的把握；第二，你不确认对方和你意见一致。

你该怎么办

>>> 第1步　注意信号

你可能在职场中没有经历过矛盾升级、火花四溅的情况，但你肯定能发现其他的警示性迹象。是否出现了信息混杂的情况？你们双方是否用"是的，但是……"来打断彼此，而不是认真思考对方的观点？你和同事是否会在开会时争夺话语权？你会把责备别人作为一种游说他人支持你观点的方式吗？当我们无视这些警示信号时，就有可能出现如下情况：

纠结——就像电流短路一样，导致不确定性、混乱、行动不协调和预期受挫。

激烈的争辩——与同事、供应商或客户之间的交流不畅会演变成激烈的争吵。

糟糕的地方——在谈话出错后，你会感到愤怒、不安或想要与某人断绝联系。

僵局——切断联系，不愿再做任何讨论。

事实上，我们每天都会犯错误，通常这不会造成太大的影响。但当上述情况成为沟通的主要方式时，我们会在亲和力和有效性交流方面损失惨重。

我已经强调了要处处留心的必要性。同理，与其对那些说话不假思索、无视警示信号的人说三道四，不如提高自己，甄别自己行为中的某些信号。

第2步　做出选择

在注意到警示信号后，你仍然可以选择责备对方，控制话语权，甚至将谈话的矛盾升级。不同的是，当你注意到警示信号后，你有机会改变谈话的方向。如果你决定坚持不改变，那么你至少知道你将要面对什么。

谈话是谈话人的人为选择。在任何时候，你都可以选择继续一段谈话，中止谈话，或加快、放慢、保持谈话的节奏。如果你不是只关注自己的观点、情绪，而是观察谈话的内在动态性，你就能知道在哪个节点上可以做出选择。理论上这相对简单，但在具体实践中似乎很难实现，因为这个世界变化太快，抑或是变化太快的是我们自己。

💡 第2课：主动地做出回应，而不是被动地应对。

>>> 第三章

主动为沟通承担起责任

放慢脚步，活在当下

有一个关于人和马的古老的禅宗故事。一匹马疾驰着穿过一个村庄，骑手似乎要赶着去某个很重要的地方。一个路人在他后面喊道："你要去哪里？"骑手回头喊道："我不知道，这得问马。"

我们常常觉得自己就是那个骑手，而生活似乎正以惊人的速度把我们带到某个连我们自己都不知道的地方，我们觉得自己无法停下来。马可能是日程表、苛求的老板，也可能是电子邮件。我们一直在想，如果能抓紧缰绳，继续骑在马鞍上，幸运的话，马最终肯定会减速，让我们领略沿途的风景和享受骑行的快乐。但是，就在我们刚有一丝喘息之际，马又开始飞奔，我们只能振作起来，再次抓紧缰绳。

当我们到达下一个村庄发现马没有减速时，问题就来了。我们的日程仍然安排得满满当当，我们的老板又给我们安排了新的任务。所以我们别无选择，只能继续骑行。多年来，我一直认为解决这个问题的方法就是再加快速度。其实，这是一个再糟糕不过的办法，因为它剥夺我们的思想，让我们永远无法活在当下。就我而言，我晚上和周末的时间都在工作。我没有耐心和精力去听我妻子莎莉的话，我太忙、太累并且压力太大了，无法和我们年幼的孩子在一起共度美好时光。我错过的不仅仅是那些重要时刻，也包括生活中的点滴细节。

有一幅漫画完美地展现了我的处境，一个人来到天堂的门口，发现圣彼得在门口等着。在翻阅了记录后，圣彼得说："实际上，你本来拥有美好的生活，但你却一直低头看手机，和美好的生活失之交臂。"我一直告诉自己，如果我能握紧缰绳跑得更快，事情会变得更好，一切就尽在掌握之中。但我清楚，这样的生活必须要付出代价。要么我会精疲力竭，要么我的工作一塌糊涂，要么我的家庭关系会受损。我一直认为家人永远是排在第一位的，但事实上我经常把他们放在次要的位置上。如果现在我没有为孩子腾出时间，等日后他们长大了，会为我腾出时间吗？

我知道这样的困境不单单我有，因为我听过成千上万的人讲述类似的故事。

问题的关键在于，如何让这匹马停下。通过进一步的调查，我得出的结论是：这不是个单一的问题，因此没有单一的解决方案。一系列的合力促使我们越跑越快，虽然这些合力为我们的健康和工作效率带来巨大的益处，但同时也带来了负面影响。

科技发展是沟通的双刃剑

数字世界内包含着我们所创建和复制的数据，它们正以每年

40%的速率增长，但是一个连通世界的概念还处于萌芽阶段。"物联网"所代表的是一种新的增长方式，即连接到互联网的设备数量的新增长。手机和电脑如今已实现联网，很快，多数家用电器亦会如此。在未来30年内，实现联网的设备的数量会由现在的200亿台增至500 000亿台。

预计到2045年，机器人将像现在的计算机一样普及。机器人除了具有可以替我们完成不愿意做的工作这一明显优势外，它们还有可能大大提高我们的生活质量，甚至挽救我们的生命。例如，由于日本逐渐进入人口老龄化及面临劳动力萎缩的现状，他们正在开发能为老年人提供护理服务的先进机器人。机器人也将被用来执行许多高风险和高技能的活动，以减少人为错误的可能性，并在这个过程中取代我们。在未来的30年里，机器人甚至可以进入人类血液循环系统来诊断疾病。

根据英国国防部发布的《全球战略趋势报告》，由于人工智能的进步，客服水平也会大大提高，虚拟接线员的表现将和真人并无二致。这些虽然不会在一夜之间发生，但已经开始起步，可能只有时间才能证明我们是否真的会经历人类沟通技巧的退化。

无处不在的干扰

在20世纪80年代末，我和同事在办公室里共用一台电脑，但大部分时间那台电脑都没人用。我的重点不在于技术进步，而是当时我们的工作不太容易被打扰，因为联络还不像现在这么方便。如果有人找我，而我恰好不在办公室，那只能留下便条等我回来。

现在，无论白天还是晚上，别人都能随时随地联系到我们。当公司老板佐伊在中午查看手机时，手机显示有 3 个未接来电、2 条语音留言、2 条短信、3 条推特通知、8 条脸书消息和 182 封未读邮件。我们总想知道是否有人想联络我们。每当收到新的信息，不论何时何地，我们的手机都会发出提示音。

当佐伊坐在电脑前，每当收到新的电子邮件，屏幕上就会弹出一个提示，显示发件人及标题。这就像塞壬的歌声一样，让她禁不住停下手头的工作查看邮件的内容。收到的信息越多，她被打断的频率就越高。

佐伊的部分问题在于，她觉得自己有义务及时回复信息，并以能及时回复别人为自豪。很多人对此习以为常。在心理学研究所针对 1100 人进行的一项调查中，超过一半的人表示，他们总是"立即"或尽快地回复电子邮件，21% 的人承认他们会在会议过程中回复信息。

当我们被频繁打断，我们需要更长的时间来完成任务，而且更容易出错。一家名为"工作所在地选择"的为员工提供服务的组织在 2010 年进行了一项调查，结果显示：由于分心导致的工作效率降低，美国公司每年为此损失 6500 亿美元。佐伊现在与人的谈话时间也被有意识地缩短了，这不足为奇，因为她知道，如果自己不加快速度就有可能被打断。

难以平衡的工作与生活

无论我们身处何处，别人都能联络到我们，这一事实意味着我们可能会在休假期间重返工作岗位，导致工作和家庭生活之间的界限越来越模糊。一项针对美国中小企业员工的研究发现，81%的员工在周末查看工作邮件，55%的员工在晚上11点后查看电子邮件，59%的员工在休假时随时关注工作邮件。

由于佐伊和她的丈夫哈里工作任务很繁重，所以一些紧急的事宜会占用他们晚上和周末的时间。这在一定程度上是可行的，但也会导致一些负面情绪。佐伊经常需要在不合时宜的时间打电话，而哈里目前忙着谈一笔交易，于是就有了这样的对话：

哈里：对不起，我今晚得工作，否则交易可能会失败。

佐伊：这几周，你总是这么说。

哈里：是的，但他们不断就合同提出新的问题，总是在晚上打电话。

佐伊：哦，天呐！偶尔一两次还能接受，但这个交易让你连轴转了，我这一个月都没怎么见到你。

当他们感受到压力时，他们开始指责对方，谈话进入了"是的，但是……"模式，这给他们带来了更多的争吵。佐伊很想与哈里谈谈她自己的压力，但又不想给他增加负担。同时，哈里的交易给他们的家庭带来这么大的影响又让她感到愤慨。哈里也想减负，但他认为最好还是把问题留给自己。佐伊和哈里的情况完全正常，但这并不意味着这种关系是良性健康的。

信息的超载与扩散

电子邮件文化的无限制增长，反映出一个更广阔的图景，即我们正在吸收越来越多的信息，并在电脑屏幕前花费了更多的时间。家庭也不是保护我们免受信息过量之苦的庇护所。年轻人使用网络的时间，从 1945 年的 5.2 小时上升到今天的 9.8 小时，这在很大程度上要归因于数字平台通过智能手机和平板电脑将内容传输到我们所在的任何地方。

这种增长是飞速的，可能也是不可避免的，当我们接触的信息不断增多时，睡眠时间相应地在减少。英国三分之一的成年人每晚睡眠时间在 5~6 小时，几乎一半的人说压力或担忧会让他们夜不能寐。在美国情况也是类似的，50 岁以下的成年人只有不到一半的人认为自己得到了充足睡眠。

虽然我们有充分的理由庆幸自己生活在信息时代，但我们也确实处在信息超载的时代。

一些事倍功半的错误做法

那么，我们在工作时该如何应对这些挑战呢？我们有四种主要的应对策略，每种错误之策都会影响到我们的谈话方式：

堆积——我们安排时间的方式。我们倾向于把时间安排得满满当当，工作一个接一个地进行。

堆积带来的影响是什么？你没有思考的时间，不能容忍某项工作超时，也没有时间处理计划外的新问题。如果你刚开始工作的时候日程已经满了，当出现一些需要你关注或解决的新问题时，你只能选择加班。就算你很重视与他人进行深入的对话交流，但堆积模式不允许你这样做，而你越不善于安排时间，就越容易陷入堆积模式。在这个过程中，你会牺牲休息时间，把自己搞得精疲力竭。

头晕目眩——我们管理注意力的方式。我们从一个话题转向另一个话题，拼命想跟上节奏。等我们忙完一天回到家，甚至会感到精神错乱。速度是有了，但满意度却大打折扣。当人们问我们怎么了时，我们会说自己头晕目眩。

头晕目眩会带来什么影响呢？当你从一个对话转移到另一个对话，并不意味着你在精神上或情感上跟上节拍，参与其中。正如我们已经看到的，头晕目眩，会使我们的注意力不集中，出现思维混乱的情况，导致我们的对话浮于表面，最终草草收场。

浮光掠影——我们处理信息的方式。我们习惯于一扫而过，挑出头条新闻和紧急事件，关注速度而不是深度。浮光掠影带来的影响是什么？每天，大量的信息让快速浏览变成我们的基本应对策略。你可以浏览推特，捕捉新闻头条，查看你的老板是否晚上发了邮件。但如果你在倾听的时候也选择了浮光掠影的方式，你就没有时间去听潜台词或获取更详尽的信息，随之而来的可能是混杂的信息和糟糕的决定。当你以这种方式倾听时，会给别人留下你根本没有认真倾听的印象，这反过来也会破坏你们谈话的质量和人际关系。

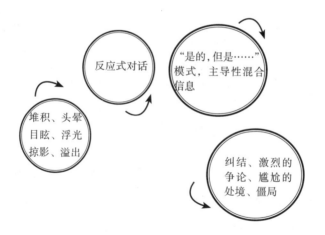

溢出——我们的界限变模糊的方式。当我们在开会的时候阅读电子邮件，在面对面交谈时接电话，或者在家里吃饭时查看短信时，这就是溢出。

溢出的影响是什么？他人会觉得没有得到你的关注，因而有被忽视的感觉。他们觉得，在那些电子产品、老板的要求或你的日程安排面前，自己只不过是次要的小角色。

你的习惯策略或许能帮你顺利完成工作。但是，随着时间的推移，它们的负面影响开始显现，并超过它们所带来的短期利益。就像连锁齿轮一样，它们增加了你进行被动对话的可能性，让你陷入混乱、争执、尴尬的处境和僵局。

赖恩是一家电信公司的运营总监，家住在离公司很远的地方。因为堆积效应，她要么晚上开会，要么早上5点钟回复邮件。她的团队成员们为了证明自己可以跟得上她的工作速度而不得不放弃家庭时间。家庭争吵接踵而至，职员又把压力带回到了职场。赖恩也感到了压力，在连续不停地工作一周之后，周末回到家和伴侣吵了一架，这种生活让她感觉筋疲力尽。

是什么为你带来了负面影响

我们的祖先在觅食过程中，练就了对危险情况瞬时做出反应的能力，即所谓的压力反应。当这种反应短暂而剧烈时，它能帮我们逃离伤害。但当它处于一种长期且慢性的状态时，它会危害我们的健康。拿橡皮筋做个比喻：它可以延伸到之前长度的几倍，但在长时间的拉长并到了某个临界点后，橡皮筋就很难再回弹到之前的长度了。我们的身体也是一样，如果持续处于高度紧张状态，就会受到不可逆的损伤。

管理者们普遍面临的一个问题，就是长期的压力给健康带来破坏性影响。正如这些统计数字所显示的：

· 英国特许个人发展协会的一项研究显示，40% 的雇主表示，过去一年，因压力而缺勤的情况有所增加。只有 10% 的人表示，与压力有关的缺勤现象有所减少。

· 根据美国心理协会的数据，三分之一的员工承受着慢性压力。女性的工作压力比男性大。

· 英国心理健康慈善机构对 2000 多人进行的一项调查显示，34% 的受访者认为自己的工作压力很大，这一比例高于健康问题（17%）和金钱问题（30%）。这项调查表明，工作是人们生活中最大的压力来源。

你可能会问压力与谈话有什么关系呢？如果你认同自己工作日的大部分时间都在和别人交流，那么改变谈话的方式会降低你的压力水平，这一点是肯定无疑的。

你该怎么办

掌控力

有一天，当我和莎莉谈论如何让那个故事中的马放慢速度时，我突然有了某种顿悟。与其说马主宰了我的生活，倒不如说马代表了我自己的习惯。这使我对这个故事有了不同的看法。我们无法把自己的坏习惯归咎于别人，但这恰恰证明我们可以改变自己的习惯。

这里有四种方法来应对我们的惯性，让你重新开始掌控自己的工作行为，用一种更积极的新习惯取代原有的习惯：

如何应对"堆积"问题？——确保自己在各种工作之间留出时间。然后，你可以合理安排这些间隙，比如用来思考，或进行一次重要但不紧急的谈话，与客户或供应商交谈，在走廊里与同事交谈，或者讨论一个长期的合作机会。

如何应对"头晕目眩"问题——控制你的注意力。你不可能将注意力一直放在某处，当你发现自己的注意力开始游离时，你可以有意识地拉回你的注意力。这不是一次性的过程，需要你的自律和反复练习。随着时间的推移，你可以慢慢改掉注意力不集中的不良习惯。

如何应对"浮光掠影"问题——讲得多不如讲得深入。不要为下一个任务而匆忙进行手头的工作，多花点时间来理清思路，倾听并思考他人的观点。通过这种方式，可以减少出现信息混杂的可能性，对方也会清楚地感受到你在主动地听他们说话，而不是被动地接受。

如何应对"溢出"问题——标出界限。比如，在晚上和周末，你选择不看邮箱。很少有事情紧迫到要求你必须当天即时处理。如果有人确实急着找你，他们可以给你打电话或发信息。2013年，德国劳工部采取前所未有的措施，规定除非发生紧急情况，否则禁止经理们在工作时间以外给员工发邮件或打电话，以防止员工过度劳累。科技不应该控制和主宰我们的生活，相反，我们需要自己做出正确的选择。

本书将对每一种策略进行更详细的解读。当我在工作中实践这些策略时，我的工作效率和谈话质量取得了立竿见影的成效。受此鼓舞，我也尝试在家里进行改变。我在周末关掉了电脑，不去查看邮箱，结果发现根本无事发生。这样我就有了精力和时间装成挠痒痒的怪物，追着我的孩子们上楼，或者周末和他们一起在花园里露营。我可以在睡觉前给他们讲故事。用餐时间变成了一个神圣的时刻，我们收起了电子产品，开始真正的交谈。

生活中的麻烦不会消失。你的客户会继续打电话，电子邮件会源源不断地进入你的收件箱。你仍然需要在各种任务、需求和承诺之间找到平衡，但至少你不需要等到生活放慢脚步后才去抓住缰绳。

 第 3 课：速度并不总意味着效率。

>>> 第四章

有效的思考助你事半功倍

有意识的回应，而非被动回应

一天早上，企业家哈里感到心力交瘁。他在出门前和妻子佐伊的分歧升级为一场激烈的争吵，现在他坐的火车也晚点了。当他快速浏览电子邮件时，他发现了一封来自技术部主任的邮件，时间为头一天晚上的 11 点 42 分。

> 乔：哈里，我们今晚的系统出故障了。这个问题在之前用户验收测试中没有出现过，所以这是一个新问题。大家都在努力，我们会尽快解决的。

哈里仅想了一秒，就用大写字母回复道：

> 哈里：乔，我快没耐心了。这是一个月内的第二次崩盘。我坚决不允许再有第三次了！！我们需要见面谈！！

把邮件往下翻，哈里发现乔又给他发了两封邮件，一封是在凌晨 1 点 15 分，另一封的时间是凌晨 5 点 2 分。乔在信中解释说，他和两名分析师整晚都在办公室工作。他们已经发现了问题，这应该是第三方供应商的责任，他们已经暂时修复了故障，会在今天做进一步调查。

哈里立刻意识到，自己之前的回复有些过头了。更糟糕的是，他点的是"全部回复"，也就是说技术部的所有成员都能看到他的回复，大家都会不开心。上周他已经失去了一位在技术部中很有威望的成员。当被问及离开的原因时，她说自己不喜欢这里的工作环境。

什么是无意识的回应

哈里对自己如此反应的解释是"他没有想到"，但他每天都这么对自己说。他过于情绪化的反应让他在人际交往中陷入僵局，人们对他退避三舍。如果他能理解不假思索和深思熟虑的区别，就能学会如何避免不必要的摩擦。当我们用偏执的眼光看待世界，或者无视某种特定情形而做出反应时，就会出现不假思索做决定的情况。不假思索有多种表现形式，在这里主要解释与交谈方式密切相关的两种：

情感触发器

神经学家伊文·戈登博士把大脑的总体组织原理总结为"最

小化危险，最大化回报"。感知器官接收到的任何信息都会通过脑干传输到大脑边缘系统，在那里，大脑对这些信息进行评估。通俗来讲，大脑的这一区域决定你的感受，让你根据自己的情绪做出决定。大脑对价值观、长期职业前景或人际关系的细微差别不做区分，它关注的只是每时每刻直接呈现在你面前的东西。

如果大脑边缘系统识别到了某种威胁，哪怕是一闪而过的印象，生理机能也会被激活，为战斗、逃跑或冻结反应做准备，具体表现为瞳孔扩大、心率加快、肾上腺激素水平上升等。我们不仅能感应到与生存有关的威胁，也能感应到与身份有关的威胁。比如，我问我十几岁的女儿这样一个问题："如果你和四个朋友坐在一辆车里，司机朋友开得太快了，你会选择保持沉默祈祷不会出事还是让司机减速？"虽然我们知道正确答案，但这是一个很难回答的问题，因为我要求他们在对自己的生命造成威胁和在同龄人面前对自己的声誉造成威胁之间做出选择。许多青少年，更不用说成年人，可能会选择把自己的身份放在首位。但大脑边缘系统不会做区分，对它来说，威胁就是威胁，不管性质如何。

当你开始寻找情绪反应的例子时，你会发现它们无处不在。一条评论、一条推特或一封电子邮件，就可以引起轩然大波。他们通常会马上道歉（"我毫无保留地为我的判断失误道歉……"），然而下次还是原样照搬。2015 年，杰里米·克拉克森因被告知太晚了酒店不提供牛排而殴打了一名 BBC（英国广播公司）制片人，成为全球头条新闻。当然，这并不是牛排的问题。当这个事情发生时，他被诊断患了癌症，一整天长时间拍摄的同时又喝了几杯酒。在职场中，堆积、头晕目眩、浮光掠影和溢出都为我们的过激行为制造了条件。

在这些时刻，正如我们在博尔顿和坎贝尔的争论中看到的，我们倾向于：

·根据我们的情绪而不是事实和逻辑做出判断。

·用非黑即白的方式思考，而不是温和折中的方式。

·悲观地看待形势，将其描述为"灾难""屠杀""暴行"，并寻找可以指责的人或事物。

就哈里而言，他的战斗性反应似乎太频繁了，这并不是说他在办公室里骂人、大喊大叫，但他确实有这方面的倾向。佐伊的情况更糟，如果哈里冲着她嚷嚷，她就毫不示弱地做出回应，反之亦然。在他们意识到这一点之前，他们就陷入了激烈的争论中，双方的关系也降至冰点。

情绪化反应不仅仅是指愤怒。乔有时会很快地证明服务问题不是他的技术团队（逃跑反应）的错，但是他私底下承认他们本应该做得更好。小学老师露易丝对自己很生气，因为她没有在部门领导会议上对一项提议提出异议（冻结反应）。当主任马特问道："大家都同意吗？"尽管她完全不同意他的想法，但她还是选择保持沉默。她现在仍不愿意改变自己的做法，拒绝承认自己不开心。

自动驾驶与心理规则

无意识的行为并不总是与情绪化反应挂钩，当你在应用之前习得的心理规则而没有考虑到当前的环境时，也会造成无意识行为。例如，我曾在一家金融服务机构工作，那里的一位经理正在交付一种新的 IT 系统，这占据了他的大部分思考时间。某一天，他开车回家，把车停在停车道上。当他下车向前门走去时，才意识到自己早就不住在这里了。他在 3 年前已经搬家了，但他的思想仍处十自动驾驶模式，并将他带回到了原来的地址。他感到很尴尬，赶紧趁着别人没发现开车走了。

这看似是一个极端的例子，但实际上，每天我们都在靠自动驾驶模式完成大多数的日常工作。如果你是一名经验丰富的司机，你不需要回忆路线就能到达目的地；如果你是一个称职的打字员，不用看键盘，你的手指就能敲击正确的按键。这个原则适用于生活的方方面面，它能带来很多实惠，因为你不需要重新学习相同的任务，你的注意力可以被用来关注更重要的事。但我们会因此丧失对环境的敏锐观察，只看我们希望看到的。例如，在英国，每 45 秒就有人在给汽车加油时用错了加油泵，即使每个泵上都有明确的标志和颜色编码，每年英国的司机会为此承担 1.5 亿英镑的费用。出错率最高的月份是 3 月和 9 月，人们买了新车，换了燃油类型，但就像前面提到的那个经理一样，他们把旧的思维规则应用到新的情况中，犯了昂贵的错误。

我们的心理规则是无形的。如果你穿着一件红色的衬衫走进田野，看到一头公牛时你可能会非常焦虑。你的这种心理规则，来源于之前看到的斗牛士挥舞红色斗篷的图片。但其实公牛是色盲，你衬衫的颜色无关紧要。触发它们战斗反应的是活动的物体，如果你戴着一条长围巾或穿着一件飘逸的连衣裙，你最容易受到攻击。如果你之前不知道这个事实，这条信息无异于重新设置了你的心理规则。现在想象一下，你有上千条关于你自己、你的职业和你的同事的心理规则。这些心理规则塑造了你的思维，决定了你对世界的看法。大多数时候，它们可能对你非常有效，但它们也会让你看到一些不存在的东西，或者让你看不到一些业已存在的事物。

几年前，我和一位同事在一家公司中开展一个关于领导力的项目，我们要求参与者在尽可能短的时间内组建一个团队与同事竞争，看谁能在最短的时间内组装一个物件。他们中的许多人都是才华横溢的工程师。然而，由于第一次尝试这个任务，他们很难找出组装各组件的最佳顺序，在这个过程中浪费了很多时间。当然，这个房间里真正的专家是我和我的同事，因为我们已经见过这个物件几十次了，并且了解所有的陷阱。尽管我们在说明的底部，加了一行字："如果有任何问题，请随时问我们"，同时我们也口头告知他们这一点。我们在三个大洲组织了 50 多次这个项目，意味着大约有1000 名领导人参与其中，但从来没有人问过我们如何组建这个物件，因为他们认为这是违反规则的。如果有人问起，我们会很乐意告诉他们的。这对于任何想要营造创新型企业文化的领导人来说，都是非常重要的。

什么是有意识的回应

有三个因素能帮助我们培养有意识的回应。

·你需要了解自己的想法和感受。你不可能像开关收音机或炊具那样轻易地控制自己的想法和感受，但你可以选择如何回应它们。哈里就是一个很好的例子。当他给乔发电子邮件时，他的愤怒主导和决定了他的行为。

解决办法不是让他消除自己的感受，而是先让他关注到自己的这些负面情绪。如果他每次出现强烈的情绪或消极的想法时都能做出这种区分，他就能感知到自己的愤怒，并以一种不受愤怒支配的方式做出反应。这对哈里来说是一种解脱，因为他经常感到自己受消极情绪的控制而不能自拔。

·你需要对新信息和不同的视角持开放态度。哈里在发出回复邮件前没有想到再确认一下有无其他信息，因为他脑子里只有一个想法，那就是乔和他的团队又搞砸了。一旦他从乔随后的电子邮件中获得了更多信息后，他就会发现，他回复的内容很不合适，而且完全是不经深思熟虑的无意识行为。当与他人交流时，我们需要保持专注，倾听对方的讲话。你可以对两个不同的人说同样的事情，然后回想一下你就会发现，第一次你和别人说是有意识的，而第二次则是无意识的。

·你需要参考你自己的真实想法，因为它们是你在进行有意识谈话的指南针。露易丝没有在领导团队会议上发言，虽然她获得了暂时的情绪上的奖励——避免了尴尬——但她制造了一个更大的问题，这是她在当时没有考虑到的。现在，她要么接受一个自己不同意的想法，要么告诉老板自己根本不支持他的提议。如果她能在这种困难的情况下参考自己的真实想法，就有可能做出一个有意识的回应。

你该怎么办

>>> 第 1 步　进行理性思考

假设你独自在家，没有听到你的伴侣从门口进来。当他进入房间时，你的大脑边缘系统就会发出警报，你的身体可能会一抖，或许你还会惊叫。当你认出你的伴侣时，会责备他吓了你一大跳。这时错误的警报解除，你的心率开始放缓。你大脑的不同部位，在这个过程中分别产生情绪化反应和逻辑性解释，但情绪化反应总是第一位的。所以那句老话"深呼吸"是非常正确的，因为这能让你的理性思考赶上来。

边缘系统通常被称为"旧大脑"，因为它与我们的远古祖先和哺乳动物表亲（如黑猩猩）有共同的特征。相比之下，前额叶皮层是大脑系统中最新加入的部分，是人类独有的。它让你思考事实，避免非白即黑的思维方式，并考虑一个行动的长期影响。想要充分利用大脑这部分功能，你仍需要努力，并有意识地激活它。

如果像哈里那样，受情绪化反应支配，心急火燎地把邮件发出去，等到获得更多信息后，你很可能会后悔不已。

当你的生活在自动驾驶模式上运转时，你是在利用大脑中与习惯和记忆检索相关的区域。相应的心理规则自动又迅速地产生，以至于你自己意识不到。或许更准确地说，心理规则在支配你。正如我们前面所看到的，如果没有正确理解细微差别和新信息，你就会陷入困境，出错的概率会大大增加。

如果我们使用理性思考重新设定哈里的场景，他的思维过程可能会是这样的：

· 他会先注意到自己的情绪反应，然后查看新邮件，确认乔在前一天晚上 11 点 42 分之后是否还发送过别的邮件。

· 在查看了乔后来发的电子邮件并了解到 IT 人员可能整晚都在办公室工作之后，哈里会得出结论，即现在不是向他们发难的时候。合乎逻辑的方法是先与乔澄清事实，了解问题的根源，然后找到双方都认同的方法解决这个问题。

· 最后，哈里会考虑现在能采取的最佳行动。他可以选择先冷却一下，半小时后再做处理，也可以发一封邮件。最后，他决定回复如下，抄送通宵工作的其他工作人员：

听起来你好像整晚都在办公室，感谢你们三个人的努力。虽然现在已经修复了系统，但如果再次发生系统崩溃仍然令人担忧。乔，你先睡一觉，然后我们今天晚些时候再聊吧，看看下一步该怎么做。等我到办公室看看预约本，然后再确定我们的见面时间。

我并不是说让你的理性思考每次都能给出正确的答案，但它能让你在行动前多考虑一下是否有别的选择。正如你不能在沸水中看到自己的倒影，当你的情绪激动时，很多事情你都不容易看清。

>>> 第2步 恢复停顿

试着读这段文字：

在一个句子中标点符号如逗号句号和括号被用来分隔短语和句子它们能让你成功地浏览文本并了解内容文字之间的空隙和文字本身一样重要在承诺和对话之间留出必要空间也是同理如果你忽视这一点就有可能出问题

现在再试一次：

在一个句子中，标点符号如逗号、句号和括号被用来分隔短语和句子。它们能让你成功地浏览文本并了解内容。文字之间的空隙和文字本身一样重要。在承诺和对话之间留出必要空间也是同理。如果你忽视这一点就有可能出问题。

逗号和句号作为一种停顿，赋予你的语言以意义。正如马克·吐温曾经说过的那样，没有什么比适当的停顿更有效的了。当你把你的谈话内容堆积在一起时，它们就失去了连贯性。

在你的日常生活中重新使用标点符号，而不是让它们被挤出去，利用这些时刻来调动你的理性大脑，反思你的价值观，并决定最好的前进方式。一个名为德鲁吉姆的组织的一项研究发现，成果最多的员工不一定是工作时间最长的；相反，他们定期休息，平均每工作 52 分钟会休息 17 分钟。当你焦头烂额时，你会觉得自己没有时间可浪费，必须开足马力继续前进。在这些时候，不妨想想禅宗的那句老话："每天冥想 20 分钟，如果你太忙，那就冥想一小时。"

>>> 第 3 步　选择合适的方式

当你和某人面对面交谈时，你会下意识地利用各种各样的线索来拼凑对方的意思。你会注意到他们说话的语调，他们扬起眉毛的方式，他们在何处停顿，以及他们是否和你有眼神交流。而用电子邮件交流时，你能看到的只是文字，误解的可能性大大增加了。

在下一页的表中，我总结了在工作场所中可能使用的不同类型的交流，以及它们的好处。

在表达情感时，我们可以使用表情符号来帮助我们摆脱短信和电子邮件的限制。例如，我可以给你发个信息，长话短说：

今天文思枯竭。唉！

有些人会说，他们认为电子邮件或短信比面对面交流更容易表达感情。但是，作为职场中的一条基本原则，电子邮件和短信最好只用于传递信息，比如，确定会议的时间、分发会议的预读材料或转发会议纪要。对于棘手的谈话，必要的视觉和听觉暗示的缺失，会大大增加对方被误解或被冒犯的概率。例如，乔给哈里发邮件，要求他批准软件许可证和新硬件的购买订单。乔在48小时内没有收到回信的情况下给哈里发送了提醒，哈里这样回复：

可以，如果我们必须这样做的话。

工作场所中不同类型的交流及好处

交流类型	好处				
	得到全部的视觉线索	看到肢体语言	听到语调	表达感受	传递信息
面对面交流					
视频					
电话					
电子邮件					
即时信息或短信					

如果哈里当面说这些话，乔就会意识到他的老板是在用一种轻松、调侃的方式说"好"。然而，哈里的邮件让乔整个晚上都焦躁烦闷。在他看来，这又一次证明了哈里的粗鲁和蔑视。最重

要的是，他不确定哈里是否同意，因为"是"是他主观推断出来的。

从中可以汲取两个教训：

·在通过电子邮件或短信交流时，要考虑到潜在的歧义，尤其是要特别注意交流的语境。

·一般来说，永远不要用短信或电子邮件来解决重要问题。电子邮件简单便捷，避免面对面的交流，但这并不意味着它就是对的。如果你想摆脱交流上的窘境，那就在交流的金字塔上努力往上走，换一个能让你听到对方声音和语调的方式；或者更好的是，看到对方的肢体语言。

首先要做的是三思而后行。

 第4课：越是忙碌，需要的停顿就越多。

第五章

有效倾听

倾听第一，说话第二

在为《纽约时报》撰写的一篇文章中，作家亨宁·曼凯尔评论了这样一个事实，即在西方世界接受电视访谈时，与十年前相比他必须更快速地回答一个问题，因为人们似乎已经失去了聆听的能力。曼凯尔将这种现象与他在非洲的经历进行了对比。在非洲，人们会花时间慢慢倾听，而讲故事的艺术不必遵循直接得出结论的模式。人们经常并行地讲两个故事，而且思维很有跳跃性，最终回来把所有的线索连在一起。这种讲话方式对于西方人来说，太过间接迂回了。

曼凯尔讲述了在莫桑比克的一天，他坐在一张石凳上，试图从令人窒息的高温中解脱出来，当时石凳上已经坐着两位老人。其中一位老者正在讲述关于另外一个人的精彩故事。夜幕降临时，他们决定暂停，第二天接着讲。但当他第二天回来时，发现讲故事的老人已经死了。他坐在石凳上沉默了许久，最后说："你还没讲完你的故事呢，这不是一个好死法。"

曼凯尔的观点是关于快速倾听和慢速倾听的区别。他提醒我们，倾听的能力使我们成为独一无二的人类："我们与动物的不同之处在于，我们可以倾听他人的梦想、恐惧、欢乐、悲伤、欲望和失败；反之他们也能倾听我们的梦想、恐惧、欢乐、悲伤、欲望和失败。"

这是倾听的两个极端。在快速倾听那一端，我们匆匆忙忙，无法专注。我们不是在听别人讲话，而是在准备自己的发言。我们跳过别人的句子，只是挑出他们讲话的要点，然后穿插进去我们的观点和解决方案。在慢速倾听那一端，我们听到了别人的心声，给予他们关注，给他们思考的时间。通过这种方式，我们建立了信任的宝库。

很明显，我们应该把目标定位在慢速倾听这一端，这对我们的责任感和实现目标有什么影响呢？而且，即使我们相信这样做是正确的，我们如何实现这一点呢？

耐心倾听

杰克是一家零售企业的区域经理，手下有 12 名分公司经理。理想状态下，他的直接下属应该更少，但经济形势不好的今天，当他拼命想跟上节奏时，他的压力会攀升，也更难集中注意力。

杰克的工作习惯开始影响他的家庭生活。昨晚，他问 6 岁的女儿埃莉过得怎么样时，他根本听不进去女儿的回答。杰克注意到她说得很快，就请她说慢一点。埃莉看着他的眼睛说："那就仔细地听！"她的回答让他很吃惊，女儿以孩子独有的方式直接击中了问题的核心，但他不知该如何解决。

杰克现在过得很糟糕——愉快的日子越来越少了——当他接到部门经理欧娜的电话时，他正处于严重的头晕目眩阶段。拿起电话的那一刻，他又后悔了。他对自己说："这通电话会很快讲完的，只要不是人事问题就行。"谈话的开头是这样的：

> 欧娜：杰克，你有空吗？
>
> 杰克：呃……是啊……但请快点讲，有什么事吗？
>
> 欧娜：是关于人事的问题。

拒绝无意义对话，为你的对话找到重点

杰克和欧娜之间，就是一场无意义的对话而非交谈，杰克没有在听，原因如下：

他的倾听是有偏见的——当我们通过自己的偏见来倾听时，我们会把基于过去的结论扯进当前的谈话中，让它左右我们的倾听，倾向于寻找证据来支持我们的既有认知，这就是所谓的确认偏差。杰克的结论是欧娜总是在提人事问题，所以每当这个话题出现时，他就很生气。就欧娜而言，她注意到，每当提到人员编制问题时，杰克总在指责自己，虽然前任领导在的时候，公司员工流动率更高。对话一开始就结束了，因为杰克不是在倾听，而是在巩固他既有

的看法。

整个谈话的安排全都错了——欧娜首先问杰克是否有时间，她知道这场谈话需要很长时间，但她担心如果直接要求 15 分钟，杰克会说没时间，他们的谈话将被推迟。至于杰克，他正因为各种会议忙得不可开交，他的日程排得满满的，根本没有时间说话，但他还是接了电话。他们两人都没有完全融入对话，也没有完全脱离对话，因为这种安排是错误的。

杰克听得"很快"——他想让欧娜直接切入正题。所有的部门经理，包括杰克 6 岁的女儿埃莉都知道杰克听得很快，他们必须得快说。意识到这一点后，欧娜试图把太多的信息塞进几个句子里：

> 杰克：对不起，欧娜，现在不是详谈的时候，直接跟我说底线。
>
> 欧娜：好的，谢谢。我现在缺人手，需要帮助。我的一个员工——玛丽亚——因压力过大而请病假。我不知道她什么时候回来，因为……长话短说……她儿子病了。还有本，你上次去店里的时候见过他，不知你是否对他还有印象……他现在想从固定合同工转为临时工。这意味着我的正式员工又减少了……

意识到杰克心烦意乱，没有时间倾听，欧娜牺牲了说话的连贯性以加快语速，结果句子的正常语序被打乱了。

杰克心烦意乱，心不在焉——当欧娜说话时，杰克正在查看电子邮件以确认下一次会议的地点。他略过了她说话的细节，在抓住她缺少正式员工这一要点后，他插嘴说：

> 杰克：欧娜，抱歉打断一下。我知道这个人事问题是一个长故事，但我现在赶时间。明天我再给你打电话吧，看看能不能腾出 10 分钟跟你联络。
>
> 欧娜：好吧，那到时再谈吧。

欧娜对于这次谈话结果并不满意，因为杰克听起来很轻蔑，而且对他将她的人事问题称为"长故事"感到很生气。与此同时，杰克继续他一天的工作，他突然想到，自己对欧娜的态度和头一天晚上对女儿埃莉的态度如出一辙。但他的日程都排满了，他不得不继续头晕目眩的模式，根本没有时间反思。

专注会提高谈话效率

诺贝尔和平奖得主马拉拉曾在生活中遭遇过塔利班分子，在接受世界银行行长金永吉采访时，她描述了当时的惊魂一幕。她当时已经做好了塔利班分子会朝她开枪的心理准备。"但我会告诉他，开枪之前请先听我说，听我的心声，我真正的想法。"她愿意用自己的生命换取别人的聆听，真是太不可思议了，她给了倾听一种无法估量的价值。如果我们在工作中能给予聆听哪怕一小部分价值就好了。

没有时间听只是一个借口。倾听始于交谈过程中的专注，专注不一定增加互动时间；相反，它往往会缩短互动时间。当我们给予对方充分的关注时，他们会觉得自己讲话的内容很有价值。从盖洛普 30 年间对逾 2500 万员工的行为经济学研究来看：很明显，员工敬业度的一个关键预测因素是他们是否觉得自己的观点很重要。

当我在各个组织中工作时，要求人们告诉我他们的倾听要点。一位叫马丁的经理回忆起他的建筑公司在伦敦翻修皇家戏剧艺术学院时的情景。理查德·阿滕伯勒爵士是皇家戏剧艺术学院的主席，马丁公司邀请他参加他们的圣诞晚会时，丝毫没有想到他会来。当他们在伦敦一家酒吧庆祝的时候，这位出色的导演来感谢他们的工作。在他们谈话的过程中，阿滕伯勒爵士全神贯注地倾听，完全感觉不到他只是做做样子，说几句话就想赶紧回家。他慢慢地仔细聆听，和下一个人说话时亦是如此。

医院的志愿者玛莎也以这种方式倾听，天天如是。她在一家医院的重症监护室工作，患者的家人处于高度紧张和焦虑的状态。她不仅在见到他们时打招呼，而且在她传达令人心碎的消息时，她的心与他们同在。她虽不能改变残酷的现实，但也没有低估倾听的力量。患者家属中很少有人忘记她的付出和贡献。

你该怎么办

>>> 第 1 步 练习如何专注于谈话内容

如果你是一名经理，并且坚持快速倾听，人们不会向你提出他们的质疑、顾虑和问题；只有在他们递交辞职信时，你才会知道他们工作得并不开心。在家里也是如此，等埃莉长大后，她如果发现父亲一直听不进去自己说的话，她就不会和他说话了。

解决办法是在每次谈话中要保持专注。要想一直做到这一点不太可能，但这是努力的方向。如果你在这次谈话中没有处理好，可以在下一次谈话中努力改善。你会发现，即使 10% 的改进，也会对工作效率和人际关系产生一连串的好处。

当欧娜和杰克说话时，他在开小差，就像这样：

> 我没时间和她谈……她又来了……更多的员工问题……我就不应该接她的电话……我接下来的会议地点在哪里？……应该是在电子邮件邀请函上……现在我要迟到了……下次再和她谈这个话题……

你的想法和感觉永远不会完全消失，所以最好的选择是关注它们，把注意力重新集中到当前的谈话上。每次当你的注意力开始游离，有意识地让自己回到谈话中。经过一段时间，这将开始成为一种习惯。当你变得更加专注时，你的亲和力会加强，工作效率也会随之提高。

>>> 第 2 步　有意识地练习如何切换注意力

比如，当你正忙着工作时，一位同事站在你办公桌前想和你聊几句话。这时你有两种选择：你可以说自己现在正忙着，请他半小时后再聊；你也可以放下手头的工作现在就和他交谈。如果你选择后者的话，你就需要把自己的注意力从当前的工作中抽离出来。

以下的可视化方法可能会对你有所帮助。想象一下，你正在关闭一个与你刚才所做的任务相关的开关。这样你在精神上和情感上都会放弃这项任务，至少当前是这样。现在想象一下打开一个与你面前的人相关的开关。你在建立一个新的精神提示，提醒自己把思想和身体带入到新的对话中。你可以通过这种方式强化每个任务之间的界限来防止溢出模式。

鉴于你每天可能要上百次地转移你的注意力，如果你能在任务之间熟练地打开或关闭开关，你的效率和之前相比将大有不同。你可以在阅读邮件时练习这一点，把每一封信看作一次对话。每打开一封邮件就打开开关，当读完回复或删除后关闭开关。如果杰克能经常练习这一点，欧娜和埃莉就会注意到这种变化。当和他交谈时，她们会感觉到自己是在和他交谈而不是无意义的对话。

 第 5 课：记住："沉默"的另一面是"倾听"。

>>> 第六章

通过沟通推进工作

如何提高工作效率

我们曾想出各种办法来对付冗长乏味的糟糕会议。我记得有一位 CEO 召集了 40 位公司的领导，与外部顾问进行为期两天的战略会议。为了打发会议时间，大家玩了一个老游戏，在顾问或 CEO 不注意的情况下互相传递一个单词或一句话，从"容易摘到的果子"和"把鸭子们排成一排"开始。可以预见的是，这个游戏越往后玩就越难。到第二天早上，难度达到了顶峰。当时顾问们正在概述议程，有人问他是否能提出一个观点。难得大清早就有人如此积极，顾问们受宠若惊，把他请到前面。"我想就昨天的问题给一些反馈，"他面无表情地说，"我想出的词是超脆弱无敌常态实验性。"大家哄堂大笑，像 8 岁的孩子。

回首往事，也许学校里那些枯燥无聊的课程就是为日后职场的工作会议做准备的。我曾看到一幅漫画很好地总结了这个问题：办公室主任让他的秘书安排一次会议。当被问到会议的主题时，他回答："我计划将六西格玛法和精益法结合起来，以消解我们的策略与目标之间的差距。"秘书目不斜视地回答："我只想说，这纯属浪费时间。"

大卫·格雷迪和杰森·弗里德在 TED 演讲中提到，公司高层行政人员平均每个月参加 62 次会议，但超过三分之一的会议被认为是没必要的或浪费时间的。考虑到高管们 40%~50% 的时间花在会议上，这意味着他们每年要浪费超过两个月的时间。格雷迪和弗里德继续说，仅在美国，无谓的会议每年要花费 370 亿美元，从这个意义上说，糟糕的会议浪费时间和金钱。

研究表明，每个组织平均会把 15% 的集体时间花在会议上，而且这个数字还在逐年增加。发表在《哈佛商业评论》上的一项研究会根据对员工日历的分析，估算在一个大型组织中人们在每周的高管例会上所花费的时间，并最终得出的结论是：加上层出不穷的下游团队会议，该组织员工单单在这一个例会上就要花费 30 万小时。更令人震惊的是，这个数字只包括会议时间，不包括额外的准备时间。

既然会议也是一种对话，我们如何扭转这种趋势？

学着后退而不是前进

让我们从"让我们开个会"这六个字开始。这几个字虽然看起来很无辜，但可能比职场中的其他任何决定造成更多的问题和浪费更多的时间。与其质疑会议是否必要，正常的反应是"好主意"。我们什么时候开？应该邀请谁？

现在，一个模糊的意图（"让我们见面"）和一个广泛的主题（如"项目审查"）已经确立，日历被打开，日期和会议名称都有了。有人说："我认为应该从市场部找一个代表。"另一个人说："是的，在这种情况下，我们可能还需要从财务部找一个人。"最后，在确定了日期和地点后，有人说："我们要开一小时吗？"并给相关人员发送了会议邀请。当会议召开时，奇妙的一幕发生了：它果然持续了一小时，对话像泡在水里的海绵一样膨胀开来，填满了这一小时。

这一幕每天都要上演无数次，我们习以为常，但本质上这几乎是犯罪。若要改变这种会议文化，请确保在发出邀请函之前提出三个问题：

· 会议的目的是什么？这澄清了开会的原因。

· 会议的预期结果是什么？这回答了你想从会议中得到什么。

· 谁发起的这场会议？这回答了谁该为这场会议负责。

回答这些问题需要你激发理性思维。一旦这样做了，你就可以从目标和预期的结果中逆向推导出参会人员、会议持续时间、会议地点及议会方式——电话视频会议还是面对面会议。会议负责人来决定参会人员。这与按照一个模糊的意图规划会议相比，是一个完全不同的思维框架。

我遇到的所有了不起的领导者或经理人，他们无一不是按照结果和会议预期倒推会议安排。例如，戴夫·布雷斯福德爵士在

2003—2014 年担任英国国家自行车队的绩效总监。在经过了长达一个世纪的欠佳表现之后，英国自行车运动员在他任期内赢得 10 枚奥运会金牌和 59 个世界锦标赛。布雷斯福德现在担任英力士的体育总监，他这样描述自己角色：

> 我的工作是寻找最有可能获胜的机会，想象一个人在香榭丽舍大街上，穿着黄色领骑衫站在领奖台上。然后为实现这个目标而努力工作。

首先我们需要明确目标和结果，然后找到如何实现这些目标和结果的路径。你可以在做项目的过程中实践这种方法，这对会议来说不失为一个很好的开始。坚持一段时间后，它会变成了一种生活方式。

一旦对自己想要的结果清楚了，一个新的问题就出现了。你需要什么类型的会议？

与公司的 50 位领导一道为公司制定一个 10 年发展规划的会议，和寻求与客户展开新合作的会议是截然不同的。我们不能采用一刀切的方法，需要根据具体情况做调整。会议类型有几十种之多，但常见的有四种：

业务会议

·出了什么问题？公司老板佐伊的每周运营会议持续了近两

小时，最终演变成了一场争辩，谈话陷入了"是的，但是……"模式。起先，她试着让会议内容明确，每次开会都有类似的格式，但这太僵化了，每个话题都变得冗长。后来，她尝试让会议轻松自由些，结果工作会议变成了茶话会，会议目标变得模糊，团队成员之所以参加，只是因为它在他们的日程表里。

·如何修复？佐伊将目标和意图重新设定如下：提出关键项目的问题和机会，并商定未来一周和一个月的优先事项。其他问题可以单独处理，也可以列入半天的月度会议议程。通过重新设定目标，激发新的动力，会议50分钟内就结束了。他们也听从理查德·布兰森的建议，偶尔召开临时会议，这是另一大改变。

决策会议

·出了什么问题？拉法的公司已经将其管理服务外包给第三方供应商，第三方供应商又将新的IT版本的开发工作转交给另一家供应商，从而为交付增加了难度。拉法召开了一个三方会谈，以商定新版本的发布日期，但最终证明大家的分歧很严重。这是三方共同决定的吗？还是拉法个人的决定？而且拉法的决定真的能代表他的老板的决定吗？没有人知道谁该为这个决定负责。

·如何修复？在参加需要做出决定的会议之前，拉法必须清楚地知道决策者是谁。字典上，"决定"一词的意思是"排除其他一切备选方案"。如果不明确谁是决策者，这就像一场网球比赛中，裁判、球员或观众不清楚球是否压线。如果大家一致认为拉法是会议负责人，那么他有必要说明这个决定将如何做出。以下是他的可选项：

做出单方面决定。如果他已经下定决心了，最好是和大家坦诚相见，至少这样他就不会浪费大家的时间。

广泛征求意见后做出决定。对于拉法来说，听取不同意见然后给老板打电话是完全合理的，因为他需要对这个决定负责。

投票，少数服从多数。如果他选择这条路，拉法必须要清楚，对于投票结果，即使自己不满意也必须接受大家的决定。

寻求一个大家都能接受的方案。如果选择这一选项，拉法要拿出备选方案——如果团队的观点严重对立，他该怎么办。

拉法不能在这些可选项之间摇摆不定。如果他从一开始就说明了这个决定产生的过程，他就必须坚持下去，以避免混乱。

最后，拉法的头脑中必须有一个清楚的时间表。即在今天做出决定还是在承诺截止日期前再等 48 小时以做最后的确认。这个问题的答案将对谈话有很大的影响。

创新型会议

·出了什么问题？企业家哈里一天有十几个新想法，并经常把这些想法拿到会议上讨论。这令他的团队成员感到困惑，感觉他就像一枚偏离轨道的导弹。哈里感觉自己的想法不被认同，这让他大为恼火，毕竟，他是公司的创始人、CEO和大股东。在他们的辩论中，团队成员试图成为理性的代言人。他们必须执行哈里的决定，所以他们有必要从一开始就指出这些想法是否有实际意义，从而避免时间、金钱和精力的浪费。他们最终还是陷入了"是的，但是……"模式，这让哈里很恼火。他回家后向佐伊抱怨，而团队成员私底下也对哈里颇有微词。

·如何修复？哈里传达的信息前后不统一，如果他能更清楚地传达出自己的意图，问题就可以迎刃而解。假如哈里在团队会议上提出这个问题：

> 与信息供应商做笔交易怎么样？

哈里的团队成员不知道该如何作答。这是个一次性能说清楚的问题吗？他现在想听听我们的看法，觉得这个主意是好是坏？或者他是建议接下来调研这件事的可行性？其实哈里可以换种表达方式让事情变得简单：

> 我想知道我们是否可以与信息供应商达成协议？这个问题我们现在不讨论，但我们能在下次会议上为此花点时间吗？

当团队成员讨论哈里的建议时，他需要告诉他们，希望他们如何参与：

> 让我们花20分钟来探讨与信息供应商达成交易的可能性。大家可以畅所欲言。我不会给你们的讨论做任何限制，不要轻易否决别人的想法。我们这样做的好处是什么？

哈里并没有约束他们，而是给他的团队成员更多的自由去创造性地思考，他在谈话中设置明确的标志和界限。当他这样做时，团队成员的表现让他感到惊喜。

解决问题的会议

·出了什么问题？学校放学后家长们来接孩子，当时 9 岁的比利的母亲要求和露易丝谈谈，她问露易丝现在是否有空。这变成了一个 20 分钟的临时会议。在会上，比利的母亲指责露易丝前一天对比利的无礼行为，声称露易丝说孩子懒。警示灯已经亮起来了，但露易丝的战斗模式开启了。"我没有说过这样的话。"她说。这时比利的母亲质问她是否指控过比利撒谎。露易丝意识到矛盾逐步升级，她试图冷静一下，但这位母亲却不依不饶。那天晚上在家里，露易丝对赛伊说她受够了。

·如何修复？这对露易丝来说是再糟糕不过的情况：在错误的时间、错误的地点和一位愤怒的家长召开了一次临时会议。当

这种情况发生时，最好的策略是按下停止键！露易丝可以礼貌而
坚定地告诉这位母亲：

> 我感觉到你现在很不开心，如果比利对我说的任何话
> 感到不高兴，我很抱歉。我们能明天见面再把这件事详细
> 谈谈吗？到时副校长也会到场。

当你遭受到意想不到的批评，尤其是你觉得这种指责不合理
的时候，倾听和恰当的回应是非常具有挑战性的。通过重新安排
会面，露易丝有时间与副校长一道，从目标和预期结果上进行逆
向思考，从而做好准备。当下次会面开始的时候，她可以倾听比
利母亲的观点，并心平气和地给出自己的观点，而不必太过具有
防御性，防止激烈的争论和陷入僵局。

你该怎么办

让会议事半功倍

为了提醒人们会议成本高，类似于出租车计费系统的多款系
统被开发出来，以计算会议的实时费用。与员工的年薪挂钩后，
每个与会者被要求打卡开会，计时器在会议室角落里滴答作响，
让每个人都能听到。即使不用这个设备，你仍然可以接受挑战：

如何让会议事半功倍？以下是七个问题：

· 会议的目的和结果是否明确？如果答案是否定的，就不要安排会议。如果你在会议受邀之列，请询问更多信息以决定你是否参加。

· 谁是会议的负责人？明确这一点很重要。如果没有指定的负责人，会议就可能变成无意义的聊天。

· 关于会议的前期准备工作是否已就绪？如果没有，请转到下一个议题或叫停会议。这样，你就开创了一个惯例，即开会前要做好准备。

· 每个与会者都必须坐在这里吗？如果答案是"否"，可以选择自行离开会议或接受其他人的离开。这样，你就形成了一种不鼓励堆积模式的会议文化。另外，了不起的想法通常都来源于一小撮聪明人。

· 我们需要规定会议时间吗？不要以小时为单位计划会议时间，把会议时间压缩，或者提前结束会议，给别人留一些时间。

· 我们需要面对面的会议还是远程会议？面对面的会议一般是首选，但如果大家为了一小时的会议花在路上半天时间的话就不合适了，应改为安排电话会议或视频会议。

· 我们就如何召开会议达成一致了吗？要确保与会者能全情投入到会议讨论中。要实现这一点只需要几秒钟，不需要长篇累牍的说教。我的建议是让大家都把电子产品收起来，如果他们想打电话，最好让他们去别的地方打。

上述的每一步将帮助你克服惯性思维带来的负面影响。会议计时器仍将计时，但你可以用更少的时间完成更高质量的对话。这样你就可以无视美国作家和经济学家托马斯·索厄尔说的那句：那些喜欢开会的人不应该做领导。

 第 6 课：浪费在会议上的时间是无法收回的。

>>> 第七章

我们需要确认他人的动机

向对方确认他的动机

19世纪初，骨相学风靡一时。骨相学当时被认为是一门科学，通过触摸和测量一个人头上的隆起处来辨别其个性。弗兰茨·约瑟夫·加尔和约翰·斯普泽姆被称为"骨相学之父"，他们将人的性格与大脑内的特定区域密切相连这一概念推广开来。人们只须看看盖尔1819年出版的书就可以了解这项理论的主旨。这本书名为《一般神经系统及大脑解剖学和生理学，通过观察人和动物的头部结构，确定其智力和道德倾向的可能性》。

骨相学理论影响广泛，甚至一些员工被老板送去用卡尺测量头部。可以想象某个一心想当会计的可怜家伙，面对感情区域比理性区域突出得多的测量结果时，内心是多么崩溃。

加尔和斯普泽姆没有想到，他们以最不可思议的方式开始了解人们的"智力和道德倾向"。虽然建立个人档案和其他诊断工具都有一定的合理性，但确定一个人动机的最好方式是直接询问。

了解他人的排序

就职于一家世界知名大公司的一位经理告诉我，当他入职公司时，公司当时的激励制度是只要晋升到高层，他们在办公室里会得到一块完整的地毯。这种权力的象征被高度追捧，但并不总是容易被监管。比如说，一位主任离开了，你接替了她的职位，但还没有达到她的工资水平，这意味着新办公室的地毯对你来说太豪华了。很快，设施部门的友好人士会敲你的门，沿着每面墙从地毯上剪下 6 英寸。在这个过程中，你会被提醒在公司的地位和排名。理论上，这能激励你更加努力，追求成功。

但实际上，这种方法打击了很多人，并强化了不同职位的人们之间怨恨的情绪。这种方法忽视了一点，不同的人能感受到激励的方式是不一样的，有的人会被这种变化而激励，而另外一些人则有可能喜欢具有稳定性的结构和体制。领导的认可可能对有的人来说至关重要，但有的人则不为所动。在这里，我按照我的优先级别列举了一些能够激励我工作的因素：

· 自由度。

· 接受有挑战性的工作。

· 与自己信任和尊重的人合作。

· 感觉自己在改变。

· 表达自己的创造力。

· 充分沟通。

· 感到获得信任、重视和认可。

· 尝试各种不同的项目和任务。

· 学习新技能。

· 获得物质奖励。

排序是一个主观的评价，可能会因为情境的改变而改变。但我个人的排序总是相对稳定。当我的动机被满足时，我喜欢我的工作；反之，则会让我坐立不安甚至感到痛苦。现在当我接受一项工作或项目时，我知道自己想要得到什么。如果一项工作没有任何挑战性或不能让我在能力方面获得提升，我会选择离开。如果一项工作没有发挥创造力的空间，我会感到压抑和沮丧。如果我的同事不信任和尊重我，我也会选择离开。

辞职信背后的动机和理由

令我惊讶的是，很多经理从未想过与团队成员进行个人对话，以了解他们的动机。这也许是所有的谈话类型中最重要的一种。我不是说我们应该迎合员工，但如果你是管理人员，为什么不设法了解员工的最佳工作状态，然后找出激励他们出色地履行职责的方法？

瑞拉非常依赖亚历克斯，他是她的运营团队里的一名得力干将。亚历克斯最初是以程序员的身份进入这个行业的。他非常积极，每周工作 60 小时，很快获得了一支不断壮大的团队、可观的薪水和丰厚的奖金。但他越是变得资深，工作动力就越小，他自己也无法解释其中的缘由。他多次试图建议瑞拉重新安排自己的职位，但团队成员的陆续离开，让瑞拉更希望亚历克斯在目前的岗位上以保持稳定性。两人的谈话让瑞拉大吃一惊，亚历克斯开门见山地说：

> 亚历克斯：我已经考虑了很久，这是个很艰难的决定，但我要递交辞呈，对不起。
>
> 瑞拉：我很震惊。我以为你满意现在的工作，年初你就加薪了。
>
> 亚历克斯：我知道，但这真不是工资的问题。
>
> 瑞拉：那是因为什么？
>
> 亚历克斯：我不喜欢我的工作。我把时间花在管理人的问题上，而这并不是我进公司的初衷。
>
> 瑞拉：我们怎么做才能说服你留下来呢？
>
> 亚历克斯：对不起，瑞拉。我已经接受了另一份技术总监的工作，我还会在公司工作一段时间以完成交接。

理想情况下，当他们开始合作时，瑞拉就应该去了解亚历克斯的动机。如果她这样做了，他们的谈话可能是这样开始的：

瑞拉：在你的工作中，什么对你很重要？

亚历克斯：与金钱或成功无关。更重要的是技术层面的工作。

瑞拉：在什么状况下，你工作最有动力？

亚历克斯：从 20 世纪 90 年代开始，我们用 Java 开发程序，每天都在开拓新的领域。而当我成为一名经理时，我被告知要远离细节，专注于下通知、发号施令，从那个时候起我失去了所有灵感的火花。

瑞拉：那么，你会把技术层面的挑战描述为你的主要动机之一吗？

亚历克斯：当然，毫无疑问。如果没有这个，我从一开始会找一份不同的工作。

如果谈话按这个思路进行下去，亚历克斯的动机慢慢就会变清晰：

如果他们一直在交流，他们可能会列出以下清单：

·解决技术难题。

·有一个善于倾听的老板。

·因我的贡献而获得认可（不一定是钱）。

·感觉自己受到了公正的对待，自己对他人也一视同仁。

·持续改进。

·看到自己为公司的未来做出了贡献。

如果瑞拉和亚历克斯能定期审查这份清单，他们的相处本来是很简单的，但现在已经为时已晚。回想起来，亚历克斯沮丧的原因是显而易见的。他很少涉及技术问题，尽管他获得了加薪，但对自己的贡献并不认同。瑞拉长期处于堆积和头晕目眩阶段，无法听取他的意见。更重要的是，亚历克斯既看不到公司的发展方向，也看不到他该如何帮助公司塑造未来。当这些因素结合在一起时，他觉得自己是在工作中生存，而不是在工作中发展。瑞拉犯的一个重大错误是：她认为亚历克斯和自己有同样的动机。

表达认可

认可分为两种：内部认可和外部认可，它们的表现形式则截然不同。从某种意义上说，我们都需要得到认可，但是对于那些更加强调内部认可的人来说，当有人说他们做得很好时，他们可能会无动于衷，因为他们更关心自己是否达到了自己的标准。相比之下，那些强调外部认可的人，如果没有得到别人的认可，他们很快就会士气低落。

施工经理赛伊就属于这种情况，当卡尔成为他的新老板时，赛伊总是担心自己不受欢迎，甚至会失去工作。事实上，卡尔对赛伊的工作非常满意，但他不会轻易赞美别人，即使他们做得很好。因为在卡尔看来，这是一份付费的工作，做得好是应该的。另外，他认为如果轻易赞美别人，那赞美就不值钱了。

心理学和行为经济学教授丹·阿里利进行了一项研究，该研究将麻省理工学院的学生分成三组，要求他们执行一系列任务，包括在一页纸上找到成对的字母，以换取小额的经济奖励。第一组的学生在交给实验者之前必须把他们的名字写在纸上，实验者看了看，说"啊哈"，然后把它放在一堆纸上。第二组的学生没有把自己的名字写下来，实验者不看就把纸放在一堆纸上。第三组的学生在上交后，那张纸被直接撕碎了。学生们接着被邀请参加下一项报酬略低的任务，阿里利跟踪调研他们何时选择退出。结果发现，与第一组相比，那些上交的纸张被撕碎的学生早早就退出了。那些工作被忽视，不被认可的人的反应几乎和那些纸张被撕碎的受试者一样。阿里利的结论是：忽视别人的努力，就像撕碎他们的成果一样。

你该怎么办

>>> 第 1 步　关注什么能激励你，什么让你失去动力

弄清楚自己的动机并不难。首先，想想你最喜欢的工作，想想是什么让你感到有动力。然后回想一下那些你觉得最沮丧的事情。这两者都应该指向同一组动机。在你热爱的工作中，你的动机得到了满足；你讨厌工作让你感到厌倦。

当你工作了一周后，想一下：哪些因素在激励你，而哪些因

素在降低你的积极性。如果你回家后说今天过得很愉快，为什么？同理，什么导致你一天感觉很糟糕？你可能认为这仅仅是因为"事情发生了"或"事情没有发生"，但这往往和动机密切相关。

>>> 第2步　谈论动机

仅仅关注动机是不够的，接下来的讨论才是关键。无论是老板还是同事都无法参透你的心思，你要明白无误地告诉他们，你如何才能达到状态最佳而不是等着他们来询问。例如，赛伊需要与卡尔定期讨论，反馈自己的工作；否则赛伊会觉得自己做得不好，陷入痛苦纠结的负面情绪。即使在讨论中发现自己没有达到卡尔的期望，至少他知道需要做些什么来纠正问题。

如果你管理人事，在一对一的谈话中要谈论动机，而不是仅仅根据目标来检查进展。如果瑞拉做到了这一点，她可以很容易地对事情进行重新梳理，让亚历克斯的工作更加侧重于技术层面，与他讨论业务的未来发展方向，更多地向他表达感谢之情。与面试、雇用替代亚历克斯的新人并与之磨合相比，做这些事情所投入的时间是微乎其微的。

无论你的职位是什么，都需要寻找一个"最佳位置"：一个公司需要和个人需求之间的匹配点。找到这个黄金分割点很难，但我们可以尝试努力接近。

>>> 第 3 步　避免冲突

假设你认为自己的各种动机都是和谐一致的话，那你就大错特错了。实际上，这些动机有时是南辕北辙的。我曾经培训过一位主管，她就曾因为各种不同的动机濒临崩溃。她在一个压力巨大的文化环境中工作，每天收 400 封电子邮件，需要她审阅的文件在到达工作岗位之前就摞得很高了，这些让她天天处于头晕目眩和浮光掠影的状态。我们首先确认她最大的动机是"事业成功"和"家庭生活"，然后那些导致她痛苦的因素就非常清晰了：不允许自己失败，只能拼命工作，牺牲家庭生活。任何一个在"工作—生活"平衡上挣扎的人都会面临这样的困境（必须指出，工作—生活平衡是一个有缺陷的术语，因为工作本身就是生活的一部分）。当我们进一步探讨她的情况时，类似于禅学的比喻变得非常贴切：也许她需要放慢速度，而不是加快速度。

当她平心静气，重新审视自己的困境时，很显然在当前的工作环境中她无法满足自己的动机。于是，她和老板见面，协商了一个离开公司的解决方案。她找到了一份新工作，不仅有助于自身事业发展，而且更好地兼顾了家庭。正如她的经历所证明的那样，首先要开诚布公地讨论自己的动机，然后认真地选择如何调和它们。在这个过程中，你会重新获得力量。

 第 7 课：激励因素是因人而异的。

>>> 第八章

选择分享故事，而不是争论真相

不要轻信你的预测

2007年，预测房地产泡沫结束的分析师被认为是愤世嫉俗者和疯子。不久后，分析师的预言实现了，那些无视这些警告的人为防止全球银行体系彻底崩溃而苦苦挣扎。诺贝尔经济学奖获得者、社会心理学家丹尼尔·卡内曼研究了专家们专业预测的可靠性，得出的结论是：他们的预测结果比猴子掷飞镖还要差，因为猴子会掷出一组随机但均匀分布的选择。

20世纪90年代末，吉姆·柯林斯和杰里·波拉斯的理论被我视为至理名言。他们研究了18家有远见的公司，每一家都被认为是业内的明星企业，自成立以来，其集体股价比股票市场平均值高出15倍。然而，近10年之内，这些公司中有一半的排名下滑了。针对这种情况，柯林斯和波拉斯写了一本名为《强者的没落》的书，是关于企业为什么会衰落的经典研究。他们的研究没有错，但世界似乎不总是按规则行事。

我们该相信什么，相信谁呢？

我们习惯于设定情节并自我代入

有趣的是，我们不应该总是相信自己。芬恩处于通信链的底部，总能听到各种各样的谣言。他是公务员，他的部门为执政党服务。政府面临着巨大的压力，要兑现其承诺，同时不失时机地寻找反对党的漏洞并加以利用。这意味着芬恩的终极老板，一位政府部长，要对向她投掷的最新"政治炸弹"做出反应，而每次爆炸的回响都可以反射到芬恩的办公桌上。

当芬恩周五晚上在酒吧喝酒时，他的朋友问他工作进展如何，他说：

> 我的工作环境是个灾区。我们就像案板上的肉一样，媒体整日大肆报道。老板什么口风也不透露，我们突然就被送上断头台。我老板大多数时候都不理我。政府没有新的职位空缺，所以我需要找新工作了。

芬恩说话的方式非常有说服力，他相信他说的是事实。但他所说的话里包含了一小撮事实和大量的阐述。按照他的定义，"真相"的意思是"事实"，但如果芬恩能运用理性思维，他会发现他的故事中事实的成分很少：

事实	芬恩所言
一家小报散布了一则关于政府削减30亿英镑的谣言	我们就像案板上的肉一样，媒体整日大肆报道
芬恩在另一个部门的同事接到了一个月内离开的裁员通知	老板什么口风都不透露，我们突然就被送上断头台
他的老板取消了他们一对一交谈的安排	我老板大多数时候都不理我
有些部门有空缺。芬恩没有仔细了解情况。	政府没有新的职位空缺，所以我需要找新工作了

芬恩并不是有意说谎，他只是夸大了事实，就像我们所有人一样。这使他能够为自己的观点争取更多的支持。但他人的支持并非没有代价。每次他解释是如何在自己无法控制的情况下成为不幸的受害者时，他变得非常情绪化并更加入戏地投入到自己编写剧本中，最终让自己变得更加无助。芬恩不明白其实他的观点就是真理诸多版本中的一个。

芬恩受到他的消极偏见的影响，这意味着他在心理和情感上为最坏的情况做好了准备。从生存的角度来看，这是有意义的，但这种苦苦支撑的状态下不利于工作的顺利完成，也让自己倍感压力。

转换视角

我们可以把芬恩的境遇作为第一视角，因为这是他的个人观点。当我们感到面临挑战时，很难超越第一视角，因为我们仰仗自己的观点，不愿轻易放弃。如果我们把环境看作是问题所在，那我们需要克服的最大障碍是自己的思维方式。

第二种观点，需要考虑或者说是倾听别人的观点。例如，如果芬恩找到他的老板利兹，并表达他的关切，他可能会对她的回答感到惊讶：

> 首先，我很抱歉最近对你的工作有所忽略。我的经理请病假，我代替她行使职责，这意味着我要做两份工作，但我保证我们下次一对一的会面时间不会调整。至于进一步的裁员情况，到目前为止，我还没有听到任何消息表明我们部门需要裁员。

芬恩将自己的观点和情感混在一起，从没想过从利兹的角度去考虑事情。如果他能这样做，他就不会认为自己会被裁掉，同时也对利兹为自己所做的一切心怀感激。

如果芬恩想进一步改变他对形势的看法，他可以考虑第三种观点，一个以独立观察员的身份观察的人的观点，不掺杂个人感情色彩，也与结果没有利益纠葛。假设有一位会时不时见面的导师，这位导师会说：

> 那么，这些观点中哪一个是正确的呢？我们可以得出的结论是，真理有许多不同的版本，没有绝对真理。如果我认为自己的故事是真理众多版本中的一个，那么我也会

对你的故事感兴趣，有可能会发现你的同样有效，甚至比我的更合理。在这个过程中，我自己的故事会变得有延展性。这就是为什么无论你在哪里工作，处于什么职位，谈话都如此重要。

我知道做到就事论事是很困难的，但听起来你的老板压力很大，似乎在各条战线上都在灭火。也许她缺乏对你的关注，正是她对你信任的表现。

恢复信任

几年前，我在一家合资企业工作，企业的两个部门之间的关系很紧张。每个部门都有自己的文化、动力和压力。他们的工作人员不在同一个办公室办公，一旦出现问题，他们倾向于责怪彼此。小小的争吵每天都能升级为分歧。随着时间的推移，这种不信任的文化开始危及该企业的未来。如果这种情况持续下去，对企业的打击将是灾难性的。

两个部门的领导都意识到，必须要做出改变。他们决定每月举行一次会议，为期一天，停止争斗，慢慢倾听，寻求共识，而不是相互指责，不是陷入"是的，但是……"模式，也不是试图一定让对方做出改变。

在第一次会议上，每个人谈到了他们的压力点、与对方接触的感觉，以及对方的行为带来的积极和消极影响。作为一个观察者，我感觉就像看着一个干涸的河床慢慢地有了水，然后开始流动。当你慢下来用足够长的时间以这种方式互相倾听时，会发生一些不寻常的事情，有意义对话的自然节奏和平衡得以恢复。人们可以在句子中间停顿一下，阐述自己的想法而不被打断。没有时间浪费在自以为是上。这样的对话，能帮助人们恢复对彼此的信任。

你该怎么办

>>> 第 1 步　倾听彼此的故事

当你感到被卡住的时候，把你的问题想象成一个放在房间中央基座上的雕塑。因为雕刻家的作品是三维立体的，所以雕塑的背面和正面对雕刻家来说是同样重要的，同时他也需要考虑雕塑的全貌。同理，在面对挑战时你也需要考虑第一、第二和第三种观点，这样你就可以避免陷入单一的解释中。

获得三维视角的最好方法，是经常性地创造机会去倾听彼此的故事。这与交换意见、提出解决方案、制订计划或分工协作有所不同。区别在于前者是对彼此的世界充满好奇，倾听对方能够防止短视行为。

你可以在半规律的基础上设置这些机会，无论是单独设置、作为一个团队设置，还是在各个职能之间设置。只要你制定了基本规则，不给指责半点可乘之机，即使花一小时停下来听别人的故事，也会在不断深化的关系中获得很多回报。首先要承认你说的只是事实的一个版本，而非事实本身，然后互相倾听。

>>> 第 2 步　就工作中的假设达成一致

因为我们都不知道未来会发生什么，所以我们只能依赖预测，而预测又基于假设。例如，当一位企业家解释她的想法将如何改变世界，并在未来 3 年内让利润节节攀升，投资者可能会钦佩她的信心，但他们也知道未来不会像她所描述的那样一帆风顺。现实可能是好是坏，但和假设肯定是不一样的。一个更重要的问题是，她的假设是否稳健可靠。

拉斐尔一天中有很大一部分时间是用来验证各种假设的。他正在做一个将客户数据迁移到新 IT 平台的项目。这是一个开发代码、测试代码并最终关闭老系统，启动新系统的复杂过程。项目被分成多个工作环节，一些工作环节互相重叠，而其他一些环节必须按顺序运行。虽然拉斐尔的老板们一直在对他施压，要求他又快又好地完成任务，做出数据并给出价格，但他们也需要明白，拉斐尔的回答是基于数百个假设。因此，他和他的团队必须检查和测试他们的假设。与团队成员安娜的一次对话如下：

拉斐尔：在这个项目中，我有 15 个全职开发人员从 9 月 1 日开始从事第二阶段的工作。

安娜：等等，我们不会有那么多人。他们中的大多数人在 9 月仍将在第一阶段。

拉斐尔：哦，这不是我的计划。那么，我们的工作假设是什么呢？

安娜：好吧，假设我们可以在 9 月 1 日有 5 个研发人员，其他人可以在月底再加进来。

要成功地交付任何集体项目，你必须公开自己的假设。只有这样，你才能认识到你在一个故事而不是真理的世界里工作，你就减少了陷入混乱的可能性。如果情况发生变化，你可以相应地主动更新工作假设，而不是被动地接受。

>>> 第 3 步　提高讲故事的技巧

不管我们是在面试中提出自己的观点，在工作中推销自己，还是在酒吧里和朋友聊天，我们都是在讲故事。过完一周后，你要回顾你讲的故事及其影响。与其在会议上陷入浮光掠影或溢出的状况，不如倾听其他人的故事，观察那些最会讲故事的人是如何了解他们的观众，抓住他人的注意力，管理互动的节奏。更重要的是，在这个过程中找到自己的风格。

下面是拉斐尔应该记住的五个讲故事的要点：

创造一个共同的故事：拉斐尔管理着一个复杂的工作项目，

需要内部和外部多方的通力合作。按时并在预算范围内完成工作的概率不大。研究表明，平均而言，大型信息技术项目会超预算多45%，延期7%，而产生的价值比预期少56%。为了改变这种局面，需要群力群策，不仅要体现在合伙协议中的法律条款，而且要在所有利益相关者中产生共鸣，创造了一种共同的归属感。

向人们展示未来：一个伟大的故事需要有意义和引人入胜，把人们带到一个不同的世界——因此，短语"从前……"无论你如何激发听众的想象力，他们首先得相信你的故事是真实的。为了让人们对他们所做的事情有更多的了解，拉斐尔定做了和客户真人大小一样的纸板，每个都有自己的身份和相对应的叙述。每当他听到开发人员在讨论技术需求时指名道姓地提到客户时，他会感到很自豪。

理解你的听众：你的故事需要渗透到听众的生活中，这样他们才会说："是的，我也一样！"这并不容易，因为拉斐尔的听众是他的公司老板、销售团队以及中国的软件开发人员。他必须调整自己的故事来照顾他们的考虑，同时要有一根主线，把所有的核心信息串在一起。因为拉斐尔不能同时给所有的人讲故事，他的听众需要把这个故事传下去，在这个过程中让它成为自己的故事。这个故事必须在经历多次演化和重述之后，仍不失其本质内容。

描述挑战：讲故事的传统通常包括一个主角，他要克服困难并击败敌手的挑战。在前边的例子中，敌手是市场上的竞争对手，他们觊觎拉斐尔的心脏地带并想方设法窃取他的客户。这样，对立力量之间的拉锯就会产生紧张局面。应对挑战不是件小事，需要勇气，而要在外部的斗争中取胜，首先要克服自己的心魔。通过不断地将未来与当前现实联系起来，挑战就具体化了。

力求简单：最好的故事会给你一个简单却难忘的信息。不要把故事讲过头，不要把话说太满。

在我们的科技时代，很容易忘记人类的存在是建立在讲故事的基础上的。它主要发生在会议室和咖啡店，而不是在火边，但我们比以往任何时候都更需要故事，因为我们正在努力了解我们正在做的事情的背景。没有故事，我们对工作的热情就会消逝。

 第8课：分享故事，而不是争论真相。

>>> 第九章

永远不要低估你的力量

拥有权力并不等于拥有权威

在我职业生涯的早期，我曾做过一项很棘手的工作，就是给公司董事们打电话，向他们推销大规模的咨询项目。要么因为我没有这方面的天赋，要么这个项目目标太过宏大，要么两者兼而有之，总之我已经习惯了话还没说完对方就挂断电话。一天，在一个需要虚张声势的时刻，我深吸一口气，给一个市值10亿英镑的富时100指数公司的CEO打电话。他的助手问我是谁，我迟疑地回答："是……呃……罗布·肯德尔。"我因为紧张说成了"罗布·肯德尔爵士"，片刻之后，CEO接起了电话，像一个老高尔夫球友一样向我打招呼。

在接下来的谈话中，误会很快就被澄清了。我不经意间达到了职业生涯的顶峰，几秒后，随着CEO意识到自己的错误，又重新跌回低谷。他既尴尬又愤怒，指责我浪费了他的时间。这可能是件好事，因为我很快被转到别的岗位上了。尽管如此，我还是简短地感受到了在名字前面加上头衔所带来的影响。

权威的影响力

20 世纪 60 年代，耶鲁大学社会心理学家斯坦利·米尔格拉姆进行了一系列令人震惊的实验，他强调了权威对人们行为的影响。志愿者被告知，他们将参与一项关于惩罚对学习影响的研究。在一个单词配对的游戏中，扮演"教师"或"学生"的角色。令人纠结的地方在于，每次学生回答错误时，老师都会给学生施以电击作为惩罚。

整个实验在可控范围内，志愿者是给学生电击的老师，而学生其实是一个训练有素的演员，他被绑在隔壁房间的椅子上，看似连着电极。实验开始，随着回答错误的增加，老师被告知将电流强度从 15 伏增加到 450 伏的峰值。最高的开关被不祥地标记为"×××"。

如果志愿者表示他们想要停止实验，实验者会给他们一系列的口头提示，这些提示从礼貌的坚持升级到公然行使权威：

·请继续。

·实验要求你继续。

·你必须继续。

·你别无选择，必须继续。

米尔格拉姆自信地预测，一旦发现志愿者对学生造成困扰后，他们将拒绝继续。但他极大地低估了权威人物所说的话的分量。在其中一项研究中，65% 的志愿者在面对专制者时放弃了自己的价值观，一路升级到了"×××"开关，而学生则在隔壁房间里疯狂地尖叫。

后来的一系列实验揭示了权威在工作场所的影响。其中之一是一个自称医生的人给22家医院打电话，要求值班护士使用一种新的药物，剂量是容器上建议的最大剂量的两倍。尽管护士们知道医生永远不可能通过电话开处方，但22人中有21人开始准备药物，因为医生指示他们这样做。对于权威的服从，似乎比道德约束力对他们的行为有更大的影响。

2010年4月10日，波兰总统和其他95位政治、军事、金融和宗教方面的领袖，在前往俄罗斯斯摩棱斯克途中因飞机坠毁全部丧生。当时的能见度非常差，一位空中交通管制员在飞机坠毁前25分钟告诉机组人员："着陆条件不存在。"那他们为什么要坚持着陆？州际航空委员会的调查得出结论，飞行员受到了高级乘客的压力，要求降落飞机，而不是推迟纪念第二次世界大战65周年追悼仪式，转到另一个机场着陆。在黑匣子的录音中，有人听到外交部外交礼宾司司长进入驾驶舱，飞行员告诉他："长官，雾越来越大了。在目前的条件下，我们将无法着陆。"答复是："噢，那我们就有麻烦了。"

一次会议中的权力与权威

我们要清楚，在米尔格拉姆实验中的志愿者，接受所谓医生指导的护士，以及驾驶总统专机的机长都有权说"不"。请不要误解我：我不是说这样做容易。但米尔格拉姆实验的志愿者本可以行使他们的退出权。护士们可以直截了当地说，他们不愿意违背自己的职业原则，把患者的生命置于危险之中。机长可以坚持按照空中交通管制部门的建议拒绝降落飞机，以保护96人的生命。在以上的案例中，在权威人物的影响下，谈话都出现了严重的失误，人们偏离了自己的价值观。

施工经理赛伊在这方面有自己的麻烦。多年来，他一直在热情地传达"安全是我们的首要任务"的信息。一名男子在赛伊担任施工经理的上一个项目中死亡，尽管这不是他个人的过错，但赛伊仍然感到有责任，因为这件事是在他担任施工经理时发生的。在这个项目中，他不厌其烦地强调把安全放在首位，但在工作中谈及这个问题总是阻碍重重。

在某个早晨，赛伊感到压力很大。6辆卡车已经到达施工现场准备来浇筑混凝土，但出现了一个问题，卡车无法进入工地。当赛伊遇到他的老板卡尔时，情况变得更糟：

卡尔：赛伊，别忘了20分钟后我们有一个客户会议。

赛伊：好的，但是我们的卡车出现了问题，所以我可能会迟到。

卡尔：赛伊，我需要你参加会议。客户可能对时间表有疑问。

> 赛伊：我们在哪里开会？
>
> 卡尔：在会议室。那是唯一一个足够大的房间。
>
> 赛伊：但是那里正在召开安全会议。
>
> 卡尔：那就把它空出来！

赛伊不愿意把召开安全会议的人赶出去，但他屈服于卡尔的权威。他把头靠在会议室的门上说：

> 伙计们，我真的很抱歉，你们需要在几分钟内把会议室空出来，我们有一个紧急客户会议。如果你们想继续开会，办公室的角落里应该有空间。

由于建筑工地的办公室是临时建筑，而且空间也很小，所以被赶出来的人很难找到另一个合适的地方。到午餐时间，工地上的人们都在说："安全是我们的首要任务吗？真是个笑话！"在他们眼里，赛伊的出尔反尔，尽管他只是服从卡尔的指示。

具有讽刺意味的是，卡尔非常致力于确保人们在他的项目中的安全。但因为他处于头晕目眩的状态，他不会后退一步去考虑他的行为的后果。由于他的职位，工地上的人们密切关注他做了什么、说了什么、问了什么。同样，他们也会从他不做、不说、不问的事情中得出结论。当一个人处于权威地位时，这些都是随之而来的。在压力下，他没有考虑自己行为的后果，需要赛伊提醒他自己真正的职责所在。

那么赛伊能做些什么呢？尽管卡尔比他更有权威，但赛伊有权拒绝卡尔的请求，提出自己的建议，或两者兼而有之，在这种情况下，谈话可能是这样的：

赛伊：但是那里正在召开安全会议。

卡尔：那就把它空出来！

赛伊：卡尔，我可以把工地的问题先放一下，参加会议，但我不会把他们从会议室里赶出去。我们一直要求我们的员工优先考虑安全问题而不是商业问题，这是一个机会，证明我们是言行一致的。

卡尔：好的，那么解决方法是什么？

赛伊：我会给客户打电话解释情况，让他们先参观工地，然后再去会议室。

首先，赛伊没有在一大堆解释背后弱化他的"不"，也没有为此道歉，他这样做是在表明立场。其次，赛伊解释了自己说"不"的理由，并提醒卡尔他们重视安全；在这方面，他实际上是在帮卡尔。最后，赛伊找到了一个解决问题的方法，兼顾自己价值观的同时满足了现实需求。

权威与权力

我们经常看到这样的情景，一名员工站在老板办公桌前，全神贯注。老板坐在自己的办公椅上，说："弗兰克，我一直想和你沟通。"

这向我们显示了权威和权力之间的区别，这些术语经常（错误地）互换使用。权威自上而下地流动。在建筑工地这个圈子中，卡尔拥有最大的权威，其次是赛伊，然后是赛伊手下的主管，依次排序。但权力完全不同，不能在组织结构图上清晰地描绘出来。它是指导或影响他人行为或事件进程的能力，因此它有可能向任何方向流动——向上、向下或侧向流动——这取决于权力所在地。

当然，有些权力与权威是并驾齐驱的。如果你的等级比某人高，你就掌握着钱袋，有权威胁或奖励他们。但是等级和权力不能让你获得员工的尊重和支持，这就是为什么如此多的变革努力都失败了；如果变革的理由不可信，或者缺乏信任，人们就不会在变革中投入精力和热忱。一旦他们不再倾听，你的力量就会变得空洞。独裁者最害怕的是一个群体的力量，这个群体的集体声音威胁着他的地位和身份。因为他们的善意有限，所以只能更加努力地运用自己手中的权力。

从这个角度来看，赛伊在很多方面比卡尔更有力量，因为他与工地人员的关系更为密切，经验也更为丰富。他每天和主管一

起工作，知道每一个人的名字。如果他同意卡尔的指示，赛伊将
交出他的权力。

你该怎么办

>>> 第 1 步　行使你说"不"的权利

请求和要求是不一样的，但是我们经常会混淆它们。要求让
你没有拒绝的余地，就像是说"照我说的做，否则……"而请求
则必须让人有接受、拒绝或讨价还价的空间。尽管我们担心挑战
权威人士的后果，但我们通常有比我们想象的更多的回旋余地，
拒绝或协商一个可接受的解决方案。

如果你习惯于堆积如山的工作，并因此感到不知所措，那么
试着对请求说"不"，或者对此进行谈判。这并不意味着你会变
得顽固或不通情理，只是你在说"是"之前要更仔细地思考，尤
其是在你的诚信可能受到损害，你的压力水平会飙升，你的工作
效率也会受到影响的情况下。人们放弃权利的最常见方式是认为
很多事情无法商量。

>>> 第 2 步　创造勇于挑战的文化氛围

如果你管理一个团队、职能部门或组织，你应该让人们尽可

能容易地表达他们的担忧和问题，而不必担心这样做会受到惩罚。
要做到这一点，你首先需要和别人讨论什么是可以挑战的，什么
是不能挑战的。当他们开始测试你是否信守诺言时，你首先要证
明你愿意倾听而不是采取防御措施。通过公开认可和鼓励人们的
发言，你开始改变公司的企业文化。我曾与为 2012 年奥运会修建
体育场馆的项目负责人和施工经理一起工作过。他们全力以赴地
致力于实现有史以来为举办奥运会而进行的施工过程中没有人死
亡的目标——鉴于该项目需要 4.6 万人完成 7700 小时的工作，这
是一项艰巨的挑战。一天早上，卫生与安全部门的负责人在安全
入口与我会面，他说："我刚和我的老板进行了一次艰难的谈话。
他对我在安全问题上对他的挑战不够坚定而感到愤怒。"这一评
论总结了工地的文化。他们不是邀请对方去质疑和挑战自己的想
法，而是要求对方必须这样做。

　　如果人们顺从有缺陷的想法，而不是挑战它们，代价可能是
非常昂贵的。在 2015 年 5 月英国大选的筹备过程中，工党领袖爱
德华·米利班德揭开了一块巨大的 2 吨重的石头，上面凿刻了工
党的六项选举承诺。其目的是强调，如果工党当选，它将像花岗
岩一样坚持其承诺。当这个故事公之于众时，一些观众认为这是
一场恶作剧，有报道称一名工党官员在电视上尖叫。社交媒体上，
人们对将爱德华·米利班德比作摩西大为不满。有人用修图技术
把工党的六项选举承诺改成了一个巨大的购物清单，所以"一个
一代比一代做得更好的国家"变成了"如果需要卷纸，请与贾丝

廷联系"。选举后，"爱德华石"显然被偷运到伦敦南部的一个仓库，时间会告诉我们它是被碾成鹅卵石，还是变成了一件博物馆的艺术品。

这个故事提出的问题是，石头究竟是如何被批准的。一位助手声称，它通过了 10 次计划会议，没有任何人质疑它，大概是因为爱德华·米利班德位于权力的最高地位，他赞成用石头。事后表示轻蔑很容易，但问题是：你是否能够挑战对方。

首先，要制定一些基本的规则来指导你们如何进行对话。如果你同意别人建设性地挑战你的观点，当有人不同意你的立场时，他们有可能会大声说出来。领导和管理者无所不知、无所不晓的观念已经过时，而且坦率地说是可笑的。他们的工作是在公司中激发员工的全部潜能。如果我们能够测试和挑战对方的思维方式，我们就会做出更好的决定。

 第 9 课：永远不要低估你的力量。

>>> 第十章

调整你的风格

不同的人有不同的沟通偏好

公元前 350 年，亚里士多德撰写了《尼各马可伦理学》，书中他就正义和公平给出了自己的观点。他认为，把法律规则严格地应用于生活中的方方面面是不可能的，有时我们需要采用更灵活的方法。为了说明自己的观点，他用到了莱斯博斯岛上的石匠使用的柔韧的铅。由于这种铅很容易弯曲，但又可以保持形状，因此可以制成一个简单而巧妙的装置，用来测量或复制一块不规则的石头或柱子的形状。2000 多年后，亚里士多德"弯曲规则"的比喻完全地融入我们的语言中。尽管我们倾向于用它来挑战惯例，但亚里士多德的重点是灵活的思考方式。

当我们在与他人互动时，我们面临着这样的挑战：如何既能保持自己的观点，同时调整自身说话和倾听的方式，以适应对方或环境。这可能是一个棘手的平衡点，如果我们了解人们有不同的首选沟通方式的话，一切就容易多了。你可能喜欢有条理的谈话方式，而你的客户则更倾向于一种创造性的表达方式。你天生的思维方式可能是战略性的，而你的同事则可能是战术性的。你可能是深思熟虑型，而你的老板则可能是很果断的人。你们的潜力能很好地互补，但同样，不同的风格可能会发生冲突，导致你们对彼此的性格颇有微词。

令人疲惫的冲突

在露易丝 45 岁的时候，她已经教书 20 年了，并感到疲惫不堪。露易丝很受同事们的尊重，但教学的乐趣却因为必须专注于测试和教学目标而慢慢被消耗。几个月来，她一直在和丈夫赛伊抱怨这个问题，她决定和主任马特谈谈。马特已经就任 9 个月了，正在采取一种非常商业化的方式处理事情。他似乎整天忙于开会，但她终于约到了 20 分钟的单独谈话时间。

他们的谈话是这样开始的：

露易丝：谢谢你抽出时间和我见面。在过去的几个月里，我一直在思考我的角色，而且……嗯……我觉得是时候做点改变了。我不是说我想离开学校之类的。毕竟，我在这里已经 10 年了……

马特：我懂了。我相信我们能解决问题。

露易丝：好吧，是的，如果我们能找到一种解决问题的方法的话，那就太好了……

马特：现在正好有个好机会，我希望你能组织一些科普类的旅游活动。我为这个项目准备了一小笔资金，下个月我还要参加一次州长会议，在会上我准备提出一个建议。这些工作我们要马上做。

露易丝：不错，好吧，这当然是值得考虑的。

马特：不言而喻，我们想把你留在这里。工资的限制意味着我们不能给你更多的钱，但我希望我们能想出办法给你新的挑战。

几分钟后，马特提议写出两周内的行动计划。他让露易丝写下她的建议，然后用电子邮件发给他。

指责他人的倾向

事后，马特自认为这是一个富有成效的会议，但露易丝觉得自己被看扁了，认为他们的谈话牛头不对马嘴。在她看来，他对困扰自己的事情不感兴趣，不听她的话，还专横霸道。当马特说，"我们想把你留在这里""我们不能给你更多的钱"时，她不喜欢他用"我们"这个词，她认为，这听起来更像银行经理或公司顾问。

在马特这边，他很高兴露易丝来找他，并就一个新的行动计划达成一致。但露易丝的犹豫让他感到困惑。他对自己说，作为我团队的一员，她不是很主动。

为了弄清楚为什么他们的谈话会出问题，我们需要了解他们的偏好。露易丝的沟通风格是亲和力。作为一个优秀的倾听者，她对视觉和非语言的暗示非常敏感，她不喜欢别人打断她或不倾听。如果有人提出解决方案，她更希望在认真考虑并与信得过的人讨论之后再做决定。虽然这可能需要一点时间，但这能让她确认这项决定是经过深思熟虑的。

马特的重点是努力向前冲。当露易丝说话时，他在考虑行动和解决办法。如果他一开始知道了预期的结果，那么谈话对他来说效果更好。他不喜欢人们带着问题来找他，相反，他更喜欢人们带着选择或建议来；如果他们不这样做，他很可能会代替他们提出解决方案。当露易丝谈到她的感受时，马特提出了他的想法。两种交流方式没有对错之分，但它们是不同的，这增加了信息混杂的可能性。

马特没有恶意。他只是用自己喜欢的方式交流，但这对露易丝不起作用。在会后，他们都总结出一些对方的性格特点。当这些转变为不满时，他们之间的沟通变得越来越紧张。马特告诉他的副手，当他遇到露易丝时，她"有点不知所措"。露易丝在家时把马特形容为"仿真机器人"。尽管他们在随后的会议上就下一步的行动达成了一致，但露易丝仍然认为马特没有从根本上理解自己的感受：情绪低落、沮丧和没有外部支持。更重要的是，如果她再次提出这个问题，她几乎没有信心让事情得到解决。

灵活性的沟通方式

露易丝和马特需要认识到，他们首选的沟通方式不一定是"正确"的方式。他们还需要遵循亚里士多德的法则，足够灵活地调整自己的风格。如果一个律师对他12岁的女儿说，"我正式提醒你，你已经两个星期没有洗过澡了"，他别指望得到积极的回应。虽然他在法庭上这样的说话方式是可以的。我们必须适当调整，才能得到人们更好的回应。

如果马特了解露易丝的喜好，他就会知道，她是遇到问题来找他的，所以最重要的是倾听她的感受。他也会知道，在做出决定之前，她需要时间仔细考虑一下谈话内容。同样，露易丝也要知道和马特讲话，必须要直截了当地告诉他自己的诉求。考虑到这一点，露易丝会这样开始他们的对话：

> 谢谢你抽出时间和我见面。我现在对自己的角色不满意。简单明了地说，我不想离开学校，而且确实想找到解决问题的办法，但首先我需要你倾听。我们现在能谈谈这个吗，还是下次找个更长的时间再聊？

露易丝给了马特一个更清晰的开场白。因为她调整了自己的交流方式，所以得到了他更好的回应。如果马特了解露易丝和他自己的偏好，他可以说：

首先，露易丝，谢谢你花20分钟时间告诉我，让我了解你的感受。之后我会留出更长的会面时间，努力倾听而不急于做决定。

这个改变可以防止他们进入信息混杂的阶段，并最终导致交流失败。

我们很容易陷入窠臼

当你大部分时间处于压力之下，你可能会恢复到默认的沟通方式。如果你倾向于寻求控制，当你需要倾听别人的时候，你可能变得非常直接。如果你想了解细节，你可能会在当前形势要求你灵活处理的情况下仍固执地坚持自己的计划。

我曾经和一个领导团队合作过，他们面临的挑战是改造他们的分支网络。在许多方面，他们完全适合所设定的任务，但我担心他们的集体偏好是不平衡的，就像把所有的重量都放在跷跷板的一端。鉴于此，我建议他们采取高度的任务导向型工作模式，并找准节奏。我提醒他们，他们可能会忘记退后，互相照顾，倾听彼此的关切和问题。我强调，他们偏好的相似性可能导致控制、问责和权力等问题。

为了应对这些挑战，除了常规的工作结构外，他们还提出了三步战略。第一步，作为一个团队，每半年召开一次战略会议，评估并展望未来。第二步，与所有员工进行季度沟通会议。第三步，是有规律的社交活动，了解大家的现状。

在接下来的 9 个月里，他们在堆积、头晕目眩和浮光掠影模式下工作，业务渐渐有了雏形。虽然他们取得了很大的进步，但他们取消了战略会议，没有组织与员工的沟通会议，也没有举行任何形式的社交聚会。换句话说，他们回到了自己最初的偏好。因此，他们的员工敬业度指数是有记录以来最低的，一些员工提出申诉程序，而且在各自团队的会议中存在公开的争议。从中得到的教训是，当你处于压力之下或忙乱不堪时，你必须有意识地努力调整你的风格。忙碌感似乎不会自行消失。

你该怎么办

>>> 第 1 步　听懂潜台词

以人们使用的语言为线索，观察他们希望你如何与他们交流。例如，当马特说，"我们开始吧""切入正题"，或者"找到前进的路"，就像他经常做的那样，他表示速度和行动对他很重要。当露易丝说，"这当然是要考虑的事情"，她就在示意需要时间来考虑马特说的话。

一个简单的技巧是专注倾听人们如何表达他们的问题。我们中那些高度以行动为导向的人往往问需要做些什么。热爱计划、流程和结构的人会问事情会如何发生。那些想了解做某件事的背景和目的的人会问为什么需要这样做。而那些非常有学识的人会问谁需要参与进来才能完成任务。当然，你可能在不同的时间使用所有这些问题，但是一定有一些问题的使用频率比其他问题高。当你明白对某个人来说什么问题重要的时候，你可以相应地调整你的沟通方式。

>>> 第 2 步　注意节奏

有些人喜欢直接的谈话方式，他们看重简洁，如果一句话可以的话，他们从不给你一段；如果你不直接说到要点，他们会用手指敲桌子。当你与他们交谈时，明智的做法是先告诉他们你想要的结果，然后提供建议和选择；否则，他们会变得不耐烦。

其他人则以发散的方式在谈话中喋喋不休，他们的思路在交谈和互动中曲折前进。你可能非常想让他们回到正题上来，但重要的是不要太快地叫停他们。

你有一些同事，他们会有条理地、深思熟虑地与你进行交谈。他们会说得很慢，因为他们认为谈话是一个反思的过程。在处理问题时，为解决问题和关切留出时间是很重要的。如果你不给他们思考的时间，你可能会得到他们的支持，但你不会得到他们的全力支持。这些人往往在谈话后而不是谈话过程中巩固自己的思想，因此有必要询问他们事后的一些反馈。这些反馈值得倾听。

>>> 第 3 步　确定深度

下次你去开会的时候，注意一些人是如何被细节吸引的。在开始行动之前，他们需要了解流程、计划和基础数据。如果你单纯地向他们展示信息，不要指望他们表现出浓厚的兴趣。如果你想要他们的承诺，你需要向他们展示事实以及证据。

当你讨论计划和数字的时候，另一些人会不知所措。对他们来说只要大的方向是正确的就可以了，他们更乐于在前进的过程中发现细节、解决问题。当与他们交谈时，最好能从一个宏观的角度分析问题，否则他们会分心。

这两种方法本质上都不正确，而且只适用于个别的情况。沟通方式与你最不一样的人，可能对你的帮助最大。如果你能重视他们的贡献，在与他们交谈时调整自己的沟通方式，你们的关系会更牢固，你的工作效率也会更高。如果你从慢慢倾听开始，注意潜词、节奏和内容深度，你将获得更大的灵活性。就像亚里士多德的"弯曲规则"所体现的那样。

第 10 课：不要想当然地认为，人们会用你喜欢的方式与你交流。

>>> 第十一章
提出精彩的问题

为什么问题比解决方案更重要？

备受尊敬的体育教练哈维·潘尼克87岁那年，终于同意与大家分享一本破旧的小笔记本的内容，里面有自己多年来信手写的小贴士和轶事。当这本书出版时，哈维·潘尼克的小红皮书成了世界上最畅销的体育类书籍。为什么？首先，与一本枯燥乏味的技术手册相比，它更具人性化、更鼓舞人心、更有吸引力。其次，潘尼克对高尔夫的热情洋溢在书中的每一页。最重要的是，他了解人们，爱他们。

无论是执教世界冠军还是业余选手，潘尼克都认识到，随意向他们提供信息会毁了他们的比赛。说到建议，他的指导原则是"少即是多"。我最喜欢的故事是，一位能力一般的律师，他在佛罗里达参加一场高尔夫比赛之前到这位老师那里去上课。律师有一个过度分析的习惯，而潘尼克则认为过多的技术建议，只会使事情变得更糟。由于需要时间思考，潘尼克在上课中途改变了方法。他让律师打一堆球，自己退到灌木丛后面，远远地观察他学生的高尔夫挥杆动作，然后他就回家了。律师对他的不辞而别，感到困惑和气愤，但他没有想到的是，潘尼克整个下午坐在家里的椅子上，想着律师的挥杆动作。几小时后，潘尼克得出结论，对律师来说最好的事情是安心，因为他听力不好，便要求他的妻子给律师打电话。"哈维已经坐在这里好几个小时了，想着你，"海伦·潘尼克说，"他说让我告诉你——去佛罗里达玩得开心，你会做得很好的。"

两周后，律师回来了，他来感谢潘尼克，因为他赢得了比赛。潘尼克以特有的谦逊态度指出，应该感谢律师帮他意识到，学生的倾听比老师的讲授更重要。从这个故事中，我们可以学到很多东西。面对挑战，你是像哈维·潘尼克那样坐着想问题，还是直截了当地给出建议？对我们大多数人来说，后撤一步比做出反应需要更多的自控力。你知道得越多，保持缄默就越难。

问题，而不是答案

创新和发现来自那些愿意思考问题的人。1666 年，牛顿问："如果苹果掉了，月亮也会掉落吗？"1905 年，爱因斯坦问："如果我骑着光束，会发生什么？"1984 年，一位名叫亚历克·杰弗里斯的大学遗传学研究人员发现了 DNA 指纹识别的潜力，他道："我们如何通过家族血统来追踪基因？"这些例子都很好，但是它们不能很好地适应当今这个快速发展的世界。当我们不知所措的时候，我们倾向于关闭事物，而不是打开心门。我们喜欢解决方案和行动带来的确定感和控制感。此外，提出问题就像是一种放纵，我们没有时间。

从几杯葡萄酒下肚的一个灵光乍现，到一个著名的通信和现场活动机构，佐伊建立了自己的业务。客户为她的智慧和经验心甘情愿掏腰包，她对自己的业务和市场了如指掌。和大多数企业创始人一样，佐伊也有一种"街角小店"的心态，这既是一种福气，也是一种诅咒。它的运作方式是这样的：当她创办公司时，她为每一件工作做准备，参加每一次客户会议，并在晚上和周末参加工商管理速成班。她的辛勤工作得到了忠诚的客户、不错的利润和更多的全职员工。对于每个新员工来说，佐伊比他们更了解这些工作，这让她很难放手。与其停下来解释每件事，或者花时间提问题，她发现亲自去做更容易。

现在，佐伊的公司已经发展到一定规模，她不可能事事亲力亲为，她的"街角小店"的心态不管用了。每个项目都有一个客户主管和一个活动经理，他们的工作是管理账户。她开始跟不上最新技术进展，雇用的专家有远胜于她的专业知识。即便如此，她依然试图亲力亲为，而不是授权员工解决问题。从这个意义上说，她的行为本身是好意，但最终结果是错位的。

学会介入

在佐伊的每周团队会议上，客户经理艾德提出了一个问题：

艾德：我们可能在与祖迪阿克公司的竞争中遇到了大问题。他们的新营销总监正在制定新规，现在暂停了所有的工作，不清楚他们是否打算引进另一家机构。

佐伊：这听起来不太好。好吧，你得尽快把所有的工作赶在她前面。我也会加入，我们这周见面准备吧。

带着最大的善意，佐伊结束了谈话，并监督艾德为应对祖迪阿克公司而进行的一系列会议准备工作。当他们在一起时，大部分时间都是佐伊在讲；出于对她的经验和权威的尊重，艾德主要是倾听。一个微妙但重要的转变发生了。佐伊开始介入处理这个问题，艾德现在是她的傀儡，尽管他是主要负责人。他感到权力被篡夺，这使得他情绪低落，因为驱动他工作最主要的动机就是获得别人的信任，做好自己的本职工作。佐伊对此毫无察觉，事实上她感到兴奋，喜欢处理解决问题的感觉——这比做高水平的战略计划和审查公司的目标完成情况更有趣。如果她能停止这种状态，思考如何把权力下放给艾德，她可能会改变自己的做法。

改变重点

尽管佐伊有丰富的专业知识，但她还是可以从哈维·潘尼克的例子中受益：潘尼克将更多的关注点放在提出问题，而不是提供解决方案，从而将重点放在学生而不是老师身上。佐伊可以这样开始：

> 佐伊：首先让我确认一下。你的意思是，当祖迪阿克公司的新营销总监制定新规时，他们把所有的工作都推迟了，所以我们也不知道结果会是什么，对吗？
>
> 艾德：是的，没错。
>
> 佐伊：那么，你需要解决的问题是什么？
>
> 艾德：嗯……让我想想。可能有很多事情现在还不明朗。首先，我不知道我们目前的市场推广活动（一直持续到月底）是否会受到影响。
>
> 佐伊：好啊。你还有什么问题？

佐伊最好不要为每个问题提供解决方案，尽管她可能有很多建议。她的目标是鼓励艾德说出自己的想法。尽管在某种程度上她是在引导谈话，但她没有试图控制。佐伊继续说道：

> 佐伊：要解决问题，你需要做些什么呢？
>
> 艾德：嗯，第一个问题是我们当前的活动是否会受到影响。我可以先问问马克斯，谁是祖迪阿克公司的市场活动经理。

佐伊的问题帮助艾德理清了自己的头绪，他们的谈话不需要花几小时，几分钟就够了。也许这才是她作为 CEO 的主要工作：帮助她的经理们运用自己的权力，找到自己的声音。她是在效仿彼得·德鲁克的例子。德鲁克经常被称为现代管理的创始人，他相信他的问题会比他的答案更有力。在德鲁克 83 岁高龄时，可口可乐公司邀请德鲁克就他们的营销、商业和管理挑战做一份报告。德鲁克名声显赫，有 29 本著作，他本可以在报告中提出建议，但他是这样介绍的：

> 这份报告提出了问题，但它不会试图给出答案。这本书是由一个局外人写的，我根本不知道可口可乐公司做什么，也不知道它已经决定做什么或不做什么，更不用说它应该做什么了。

在谈话接近尾声时，佐伊问艾德是否需要进一步的支持，他建议在本周晚些时候召开一次会议。现在是艾德主动提出要求，而不是佐伊的意思，没有混淆谁是负责人的问题。当他与祖迪阿克公司的市场活动经理见面时，他要求佐伊也加入进来。尽管佐伊做出了贡献，但她认可与艾德的谈话，并发现了他的风度和自信。

你该怎么办

>>> 第 1 步　把建议的重心转移到问题上

奥斯卡·王尔德声称，对建议唯一的正确做法就是传给别人，因为它对我们自己没有任何用处。当我们把建议传给别人的时候，它对接受者可能也没什么用处。我们对这一点可能再了解不过了，因为我们长大后，父母和老师给我们的大部分建议内容都不记得了。很有可能的是，对你的教育影响最大的老师，是那些鼓励你积极思考和激发你好奇心的老师。在这些科目中，你掌控了自己的学习。

如果你是零售店的专业顾问、财务顾问或产品专家，那么你可以通过建议获得报酬，并且你的建议会得到重视。但未经邀请的主动请缨则是另一回事了。我们需要了解：如果别人没有要求建议，那就是不需要。哈维·潘尼克的书中有一个小章节，叫"什么时候给你的另一半提供关于高尔夫的建议"，这一章的内容就一句话，"如果他们需要的话"。这样的智慧，可能就是为什么很多读者声称他的书不仅提高了打高尔夫的技术，也改善了他们的生活。

改变建议与问题的比例，假设你的比率是 2:1，这有利于提供建议，而不是提出问题。接受挑战，将两者的比例调整为 1:1，然后看是否可以将其转换为 1:2 的比率。这将迫使你以完全不同的方式思考你的角色。我总是能发现，人们为他们的问题或项目提出了比我想象得更好的解决方案。

>>> 第2步　询问"需要什么"？

如果我们的需求未能得到满足时，我们会本能地开始指责。要改变这种情形，试着问"需要什么"？这是一个简单而有力的问题，因为它不包含任何指责，而是让人们关注想要的结果，以及如何达到目标。

一个男人曾经告诉我他带着一张10英镑的钞票走进一家花店，买到一束花的经历。

男人：我能买10英镑的花吗？

花店：对不起，我们的花束起价是20英镑。

男人：我只有10英镑，我能买半束吗？

花店：不能，对不起。

男人：玫瑰怎么样？我可以买单枝吗？

花店：不，恐怕得成束地买，起价15英镑。

男人：好吧。我在你这家花店10英镑能买到什么？

花店：嗯，我可以给你一些郁金香，搭配一些海桐叶和百合草。

当你问需要什么时，它会改变谈话的方向。另一个人不能给出"是"或"否"的回答，而且他们很难提出意见。在谈话中养成这个习惯，问自己和他人需要什么，这样你就重新调整先前默认的要责备某人或某事的倾向。

>>> 第 3 步　寻求反馈

了解自己的表坝。即使听到的反馈令人很难接受，最好也要知道。简单坦诚地问别人，他们希望你多做什么，少做什么，继续做什么。这不需要等待评估或正式的测试。在与你的老板、你的团队和同事的定期谈话，或在与客户的交流中得到答案。

收到的反馈会提醒你有更多的东西需要学习。汤姆·凯特是哈维·潘尼克的学生，在 20 世纪 80 年代登上了世界高尔夫排行榜的榜首，他说他的老师每天都在学习关于高尔夫的新知识。潘尼克的秘诀是问一些聪明的问题，这让他一直保持谦虚和睿智。

 第 11 课：你的问题比你的建议更有价值。

>>> 第十二章

性别差异同样影响沟通结果

为什么男人和女人之间的对话会出错？

这里有一个著名的脑筋急转弯：

一位父亲和他的儿子出了车祸。父亲去世，儿子重伤。儿子情况危急，被送往医院，需要马上手术。当外科医生看到他时说："我做不了这个手术，因为这个男孩是我的儿子。"

为什么？

这个问题困扰了大多数人很长时间。当《早安美国》的制片人对公众进行测试时，他们发现被测试者越年轻，他们越可能意识到外科医生可能是男孩的母亲。这个脑筋急转弯说明了我们的假设如何定义我们的思想。

乔治城大学的语言学教授黛博拉·坦南，是世界上语言和性别问题的主要专家之一，她讲述了类似的故事。一天晚上，她在办公室工作，一个女人进来问坦南能不能用她的电话。几分钟后，这位女士又回来找文具了，然后第三次不请自来地问她是否可以为某个教授留下一张便条。最终，一切都变得明朗起来：18个教授中有16个是男性，女人认为坦南是秘书，尽管坦南的名字和职称在门上清楚地标明了。

对于大多数女性来说，在一个偏向于男性沟通方式的环境中找到她们自己的声音，并传递自己的声音并非易事。几年前，我在一家国际石油和天然气公司工作，在该公司高级管理层中有一位女性。在一次战略会议之后，晚餐上的谈话氛围恶化，我感觉到了她不开心。她就坐在我旁边，所以我问她该怎么应付。"我得表现得像个男人。"她低声说。很可能，在场的男性没人觉得有什么问题；如果出现问题，他们会说，"没关系，她是我们中的一员"。

女性的沟通倾向

我们的年龄、家庭环境、种族和地位，会影响我们的沟通方式。此外，诸如内向和外向等因素也有影响（男性内向者比女性内向者略多）。因此，就男人和女人之间的会话差异做出一般性的陈述分析是无益和不真实的。正如语言和性别问题专家黛博拉·坦南所指出的，差异是程度的问题，而不是绝对的差异。即便如此，我们也不能忽视，在西方文化中，男性比女性更真实地表现出某些特征，反之亦然。

与男性相比，女性更注重保持亲和力、沟通和群体共识。坦南称之为"和睦谈话"。这体现在不同的方面：

· 女性更容易提出问题。根据约翰·格雷和芭芭拉·安妮斯对

10万名女性进行的采访，80%的女性表示，即使她们知道答案，她们也愿意提问，因为这会鼓励他人提出意见，并有助于建立共识。

· 女性比男性更愿意促进交流。例如，男人和女人都会用语气词，比如"嗯""啊"和"哦"，但他们这样做的目的不同。女性倾向于将其作为向说话人表示支持和鼓励的一种方式，而男性则更多地出于相反的原因，将其作为展示专业知识、推动谈话进展、争夺话语权或者阻碍互动的一种方式。

· 女性比男性使用更多的代词，如"我""你"和"我们"。在分析40万篇文章（包括博客、论文、聊天室讨论和即时信息）后，詹姆斯·彭内贝克教授估算，女性每年使用的代词平均比男性多8.5万个。这一点很重要，因为代词是用来指人和人际关系的。

· 与下达命令相比，女性更可能心平气和地提出建议或提案。

男人对坦南所说的"报告谈话"更感兴趣。30年来，她所做的研究已经证明，女性更容易从谈话中与他人建立联系，而男性则更倾向于思考在谈话中自己是处于"主导地位"还是"从属地位"。从这个角度看，男性的谈话更多地考虑到等级，具体有以下特点：

· 他们比女性更注重保持独立和避免自己处于弱势地位。出于这个原因，男人可能倾向于依靠自己的资源而不是寻求帮助，并且更可能看重个人能力。

· 男性比女性更容易打断讲话者，忽略评论或回应冷淡。

· 女性倾向于使用更多的代词，而男性则更多地使用冠词之类的来指代对象和事物。同样，与女性看重"和睦谈话"相比，男性更注重"报告谈话"。

·男性倾向于使用更多的手段，基于目标去控制谈话或解决问题。例如，当他们听到投诉时，他们会将其看作为一种挑战并会寻找解决方案。

我明白很多男性及女性个体不完全符合这些规范甚至于与之相矛盾，但我看到在很多群体和社区中，性别差异的模式反复出现。我在一家公司工作过，一位高级管理人员主导讨论了他们将如何合作，并承诺一对一地支持彼此。一两个月后，我们开会审查进展情况。男人们觉得进展得很好，但女人们不太确定。事实证明，男性和女性对支持的理解是非常不同的。男人即使在回家的路上也努力推动日常工作的进度，这是"报告谈话"的特点。女人们对此很失望。他们希望以一种更符合"和睦谈话"的方式分担彼此的烦恼和忧虑。当压力增大时，她们觉得这是一个"人人为自己"的环境。

明确使用自己权力

玛雅有一个新的角色，消费品业务部门的市场营销主管。与她同级别的女性很少。她有一个名叫卢卡斯的法国老板，公司总部设在香港，他们坐下来讨论玛雅的年度报告。卢卡斯亲自挑选了玛雅作为他的团队一员，他对她赞不绝口。她的工作充满挑战，需要在多个国家开展营销活动。当他们谈到玛雅个人发展的话题时，情况如下：

> 卢卡斯：玛雅，作为一名营销主管，成功的关键是在
> 商务活动中如何进行谈判并说服对方。
>
> 玛雅：是的，我明白这一点。
>
> 卢卡斯：在我看来，你最大的发展领域是成为一个坚
> 定的领导者。当有人挑战你时，你往往表现出灵活性而不
> 是坚定性。你必须能够说出：我知道你在说什么，但我不
> 同意你的立场。
>
> 玛雅：好的。
>
> 卢卡斯：这事关你是否能自信勇敢地面对他人。坚毅
> 是一个战士的原型，我希望能在你身上看到自信和坚毅。
> 我希望你能通过争取你需要的预算来证明这一点。

卢卡斯试图支持玛雅。但他没有意识到的是，他实际上是在
说："你需要像男人一样做出反应。"

玛雅现在处境艰难。她的成功建立在她的亲和力上，当她处
于最佳状态时，她能通过讨论捕捉到灵感，从而提出更好的观点。
但她愿意接受卢卡斯的建议，很快她就有了机会。她在一次会议
上，一位当地的营销经理与她发生分歧，因此她借鉴了战士原型，
直截了当地说："不，这不是我需要的方式。"结果很糟糕，部
分原因是，这是一种不符合性格的反应。经理觉得自己在众人面

前受到了批评。在他看来，这对他的地位有负面影响。

在这场分歧之后，玛雅与市场营销经理在私下解决了这个问题，但让她面临着同样的问题——甚至加剧了——关于如何找到自己的声音。在接下来的一年里，她得出这样的结论：战士的语言对自己是没有帮助的，因为这种语言在她看来是和野蛮相关的。回到权力和权威之间区别的话题，权力可以向任何方向流动，而且玛雅比她的许多同事拥有更多的权力，因为她在整个企业中建立了牢固的关系。如果她明智地使用自己的权力，她完全能够在同龄人或更高权威的人面前坚持自己的观点。当形势需要时，她可以直截了当，但她需要以自己的方式这样做，不损害自己既有的价值观。

你该怎么办

>>> 第 1 步　讨论差异

当卢卡斯说玛雅需要发展她的战士原型时，他试图帮助她成功，但他并没有想到这可能会为她制造内部冲突。他想培养她的自我表现能力，但不经意间却破坏了这种能力。类似的情况每天在我们的工作场所会发生无数次，产生了信息混杂的情况，让人们陷入困境，虽说对方是出于好意。

如果玛雅和卢卡斯认识到性别差异在对话中所扮演的角色，

他们可以讨论这种差异所带来的挑战和机遇：

> 卢卡斯：因为在你这个级别上女性很少，这会给你带来什么挑战？
>
> 玛雅：首先，我觉得会议和电话会议的氛围令人沮丧。大家都争着说话，感觉好像没人在听。我不随意打断别人的谈话，所以我说话的机会不多。
>
> 卢卡斯：观察得很仔细，我们自己都没注意到这一点。
>
> 玛雅：有时我发现自己是为了说话而说话，因为我不想被别人看作是壁花。我不喜欢这样，因为让我说话的动机不对。
>
> 卢卡斯：我认为我们可以重新制定谈话规则，并从中获益。我们的确养成了坏习惯。

在这段对话中，玛雅和卢卡斯都在学习。通过理解竞争是男性仪式的一部分，玛雅可以看到她的男性同事并不是不体贴或粗鲁。即便如此，如果有必要的话，她也必须做出调整，努力挤进讨论中去。她不需要主宰一切，但她不能指望其他人都等着她。

对于卢卡斯来说，他可以做得更多，以确保他与别人的谈话不会陷入完全由他支配的模式。最响亮的声音不一定是最明智的，也不一定是最有思想的，所以他要为那些不想为争夺发言权而战斗的人，比如说玛雅，创造机会。不仅玛雅，卢卡斯团队中的反思性很强的人也有同样的抱怨。卢卡斯可以通过遵循几个世纪以来的美洲土著议会会议的传统来解决这个问题。在会议中，语言的神圣力量被授予手持"说话棒"的人，而其他人则必须等待自己的发言机会。这一做法迫使人们静下来倾听，并制止人们在他人发言时发表意见。当"说话棒"传给你手中的时候，你有几秒钟宝贵的时间让大脑参与进来，增加了你理性说话的机会。一旦尊重对方发言的原则被灌输到任何团队的文化中，慢慢地不再需要这根"说话棒"了。

卢卡斯欢迎女性提出更多的问题。据报道，72%的男性说，女性问的问题太多，这是一个典型的反面例子，说明我们现在更多地指责对方，而不是认同和珍视差异。如果卢卡斯和他的团队能够学会鼓励更多地提问题，他们的对话将变得更丰富，他们的思维将更加严谨。如果他们能慢慢地倾听，而不是浮光掠影，他们就不会互相抢话。

与你的同事谈谈你的沟通方式。性别绝不是唯一的影响因素，但它的影响往往被忽视。有些人不愿意谈论性别差异，因为他们担心别人指责自己有偏见，但这样做可以让你提高认知层次，并欣赏彼此的贡献。

>>> 第2步　平衡对立

领导者和管理者经常会有意无意地按照他们自己的做事风格

招募员工，因为同质化往往会创造一个令人愉悦的工作环境。但是，这样做会有风险，那就是具有狭隘性。

解决办法是鼓励多样性，然后挑战自己，把员工最好的一面发掘出来。如果你管理一个团队，当你把那些具有反思性、外向性、竞争性和团队导向性的男性和女性聚集在一起时，就会产生一种丰富而健康的活力。无论工作场所中男女比例是多少，对少数群体的人给予高评价是至关重要的，这样他们就不会感觉被排挤。如果你的团队是高度以行动为导向的，那么帮助你成功的最重要的人可能是那个提出问题、说出关切并采取最具反思性思维方式的人。

无论你的工作环境中是男性多还是女性多，上述原则同样适用。玛雅的贡献很大程度上是卢卡斯和她的其他男性同事看不见的，因为他们日都沉浸在"报告谈话"中。事实上，"报告谈话"和"和睦谈话"都是非常重要的。

 第 12 课：鼓励差异，而不是顺从。

>>> 第十三章

明确的表述能避免沟通短路

警惕"交流短路"

多年前，我出过一次车祸，但并不严重。对方司机为过错方，他自己也表示愿意为我的车付维修费。

我们把车开到一个很小的汽车维修厂，修理工名叫法比奥。

修理完成并支付了费用后，我们发现有水漏到了汽车后部。然而所有的赔付工作都结束了，法比奥耸耸肩，表示无能为力。我们很生气，我的妻子萨利决定在一个星期六的早晨给法比奥打电话，准备和他进行了一次艰难而直接的交谈。

放下电话后，莎莉说法比奥会"派他的员工来调查此事"，并说他的意大利口音听起来比平时要重得多。突然，我意识到我手机通讯录里有两个法比奥，不禁一阵慌乱。这个法比奥不是在伦敦北部经营一家小型汽修厂的那个法比奥，而是一家在35个国家拥有子公司、收入超过1亿欧元的公司的总经理。他住在欧洲一个滑雪胜地，平时驾驶私人飞机去上班。莎莉不仅在周末打电话给他，而且还告诉他，他的态度令人失望，他的技术粗糙，他的人品很成问题。

　　发现错误之后，我们连忙向他道歉，法比奥非常大度。大约10 年后，莎莉和我每每想起这件事还觉得很好笑。

　　当我们讲同一种语言时，交流短路就已经够糟糕了；当我们需要翻译时，混淆的可能性会加倍。在威尔士，路标通常都是威尔士语和英语，斯旺西的新路标需要由议会翻译部门签字。为了封锁超市附近重型车辆的通行权，一位当地政府官员发了一封电子邮件，要求翻译"此处为居民区，禁止重型货车进入"这句标语。这名官员很快收到了回复，他很高兴对方工作如此高效。委员会制造并竖起这个路标，但当地居民却问为什么路标上面写着："我现在不在办公室，如有需要翻译的材料请发往此邮箱。"原来邮箱自动回复的信息被误认为译文了。

　　请注意，与广告公司的一些广告文案相比，上述错误只是"小儿科"。广告文案本意是问："有牛奶吗？"但却成了问墨西哥妇女："你在哺乳吗？"当"我们一定会提供鲜嫩的鸡肉"，被翻译成"让一只母鸡怀孕需要一个有男子气概的人"时，墨西哥可能会发生骚乱。福特汽车公司的管理层试图用一则广告来吸引比利时的顾客，广告上写着"每辆车都有一个高质量的车身"，结果却发现它被翻译成"每辆车都有一个高质量的尸身"。与这些错误相比，斯旺西的路标只算是一个小瑕疵。

让沟通成为"闭合电路"

不幸的是，信息含混不清所带来的后果可能是灾难性的。航空史上最致命的事故发生在 1977 年 3 月 27 日，在西班牙特内里费的洛斯罗迪欧机场，一系列的事件和接二连三的"交流短路"，导致两架波音 747 在跑道上相撞。两架飞机都是飞往格兰卡纳利亚的拉斯帕尔马斯的，但在拉斯帕尔马斯机场客运站发生炸弹爆炸后，同时中途改飞到特内里费一个较小的机场。当天是星期天，特内里费控制塔上只有两名交通管制员值班，他们一定也是自认倒霉，因为机场里停满了飞机。当滑行道被阻塞时，唯一的解决办法就是飞机在同一条跑道上滑行和起飞。

当航班被允许再次起飞时，大雾笼罩了特内里费机场，交通管制员从控制塔上什么也看不到，由于没有地面雷达，他们完全依靠与飞行员的无线电通信。下午 5 点后不久，两架波音 747 在同一条跑道上相距一公里。指令是泛美航空公司的 1736 航班在跑道上滑行到第三个出口，为荷兰皇家航空公司的 4805 航班在跑道上起飞让出路来。

黑匣子记录的信息让人难过，但揭示了"断开电路"和"闭合电路"对话之间的区别。简而言之，断开电路式对话会造成疑问和不确定性，而闭合电路式对话确保所有各方沟通顺畅。当泛美航空的飞机在滑行时，空中交通管制员要求副驾驶从第三个出口离开跑道：

——滑行至跑道，然后，啊，离开跑道，第三个，左边第三个。

——左边第三个，好的。

但是地面控制员的当地口音很重，这就导致了一些不确定因素，飞行工程师、机长和副驾驶在驾驶舱的谈话证明了这一点：

——他说的是第三。

——我觉得他说的是第一。

——我再问他一次。

交流电路没有关闭，所以他们回去了，这次和另一个空中管制员通话，让他确认他们是否应该在左边第三个出口离开，管制员回答：

第三个，先生。一，二，三。第三，第三个。

为了确保这次所有人听到正确的信息，泛美航空机组人员内部进行了闭合电路式交流：

一，二，三。

一，二，三。

一，二，三。

对！

没有被明确传递的信息可能造成巨大损失

结果，飞机错过了第三个出口，目击者称最可能的原因是标志不明显及有大雾，能见度下降到 100 米左右。泛美航空的机组人员通知空中管制员，他们正滑行到第四个出口。与此同时，在跑道上，荷兰航空的机组人员联系了控制塔，确认他们已经准备好起飞：

——我们现在正在起飞。

——好的［停顿］，准备起飞。我会再给你通知。

在听了几十次黑匣子录音后，事故调查员仍无法确定来自荷兰航空 4805 航班的信息是“我们现在在起飞口”还是“我们正在起飞”。不管是哪个意思，这些话说很匆忙。还有重要的一点，地面控制人员的母语是西班牙语，荷兰航空的机组人员讲荷兰语，而泛美航空的机组人员讲英语。在一连串的事件中，这是一个关键因素。空中管制员认为他已经给了荷兰航空机长一个明确的信息：让他随时待命，等待进一步的指示。与此同时，荷兰航空机长对于“好的”的理解是已经得到许可。在事故发生后，关于“好的"这个词的使用引发了一场争论。我们不知道它到底扮演了什么角色，但这提醒我们永远不要低估语言的力量和信息含混不清所带来的潜在危害。

这场悲剧所带来的教训是：空中管制员和两架飞机的机组人员的交流均为电路断开式，导致荷兰航空的机长松开制动器，开始启动起飞程序。当他这样做的时候，他的飞行工程师无意中听到了来自泛美航空的信息：

    ——泛美 1736 航空，请回复是否已离开跑道。
    ——好的，等我们离开后就回复。

当荷兰航空的飞行工程师听到最后一句话时，他心头一紧，担心泛美航空仍在跑道上。虽然当时已经没有足够的时间中止起飞，他仍然做出了最后的努力，与驾驶舱的同事们试图进行闭合电路式交流。副驾驶和机长同时问：

    ——泛美航空还没离开吗？
    ——你说什么？
    ——泛美航空还没离开吗？
    ——哦，是的。

此时，荷兰航空的飞机正在加速，飞行员的注意力完全集中在起飞上。他是最受尊敬的荷兰航空机长之一，他的权威和经验很有可能使飞行工程师认为他的上司不会错。但在飞行工程师询问跑道是否畅通20秒后，两架飞机相撞。在荷兰航空飞机上的248名乘客和机组人员中，没有幸存者。在泛美航空飞机上的396人中有335人丧生。

时间紧迫是造成信息传递含混不清的重要因素，在这起事故中也不例外。荷兰航空的机组人员有可能已经把时间耽搁了，他们需要把乘客带到拉斯帕尔马斯，接着在那里逗留六小时，然后在违反值班时间规定之前飞回阿姆斯特丹。如果荷兰航空的机组人员额外问一个问题："请确认，跑道现在是否可以起飞？"这样的悲剧就可以避免，因为这样泛美航空的飞机仍在跑道上的事实就可以得到证实。

当我们阅读文字时，我们可以随心所欲地反复阅读，但谈话不一样，其挑战性在于我们说的话是转瞬即逝的。当你研究对话的脚本时，会很明显地发现我们经常换话题，所讲的句子不完整或是充满了跳跃式思维。为了更好地理解人们字里行间的意思，我们采用略读法，用推论来填充那些讲话人未明确陈述的缺失信息。推理是一种思维过程，在这个过程中，我们根据已知的事实来推断其他事物的真实性，至少是其表面的真实性。

如何在实践中使用这种推理法？当荷兰航空4805的机长认为他已经得到起飞许可时，他认为泛美航空的飞机已经不在跑道上了。相比之下，当荷兰航空的飞行工程师无意中听到泛美航空的"好的，等我们离开后就回复"后，他推断飞机仍在跑道上，促使他询问飞行员和副驾驶员。正是出于这个原因，我们需要通过相互确认来进行闭合电路式交流。

类似的事情每天都会发生，虽然不会像上述事件那么悲惨致命。刚从刚果毕业的盖伊·戈马在BBC为一份数据过滤技术员的工作接受面试时，他无意间一夜成名。原来在接待区这位年轻毕业生被误认为是与他同名的网红音乐家，然后被莫名其妙地送入化妆间并被带到节目现场，接受了BBC消费者事务记者关于苹果公司和苹果电脑之间商标纠纷的采访。他脸上的恐怖表情成了无价的电视素材。

错误是怎么发生的？当制片人问："你是盖伊吗？"得到肯定的答复后，他推断眼前的这个人就是盖伊·科尼。至于盖伊·戈马，他认为这个环节在工作面试中多少有点出人意料，但他并没有进一步问是不是搞错了。这里的教训是什么？推论和假设一般是在瞬间完成的，以至于我们几乎没有时间进行选择，但我们确实有机会进行确认。

你该怎么办

>>> 第 1 步　确认自己的理解是否正确

闭合电路式交流，要求二次确认自己的理解是否正确。例如，施工经理赛伊的上一份工作，是在伦敦建造一个巨大的办公大楼。在地板建造过程中，使用钢材支架来支撑临时结构是标准的做法，一旦不需要承重荷载，支架就可以被拆除。一个新的工程监理来到施工现场，尽管他已经获得了相关工作资格证，但他忙于穿梭在各个工地，处于头晕目眩模式，因此他在任务单上写下了错误的楼层号，并交给了负责拆除钢材支架的内森和乔希。内森按照指示上了十楼准备拆除钢材支架，下面是他们的谈话：

内森：对，一定是这里。

乔希：你确定？我觉得支架在九楼，而且应该被漆成了绿色。

内森：任务单上写着十楼，我们开始工作吧。

乔希：听着，你可能是对的，但我想再确认一下。

内森对耽搁工作很恼火，但乔希做了正确的事，他停止了工作，打电话给主管，这样他就进行了闭合电路式交流。事实证明，内森和乔希与危险擦肩而过。十楼上有一台200吨重的移动式起重机，如果钢材支架被拆除，这台起重机就可能从十楼坠落在伦敦的街道上。在侥幸躲过一劫后，赛伊从中吸取了巨大的教训：他的手下必须要进行闭合电路式交流。

公务员芬恩也经历了一场误会。一份文件指出，实施一项新的国家政策的成本将为3600万英镑。这个数字将出现在发给教育部部长的材料中。撰写文件的人当时处于头晕目眩模式，没有注意到他自己的笔误——正确的数字实际上是 6300 万英镑——虽然他们在最后一刻发现了问题，避免了部长在电台采访中引用错误数据，而且整个事件中芬恩也没有错，但他的部门受到了严厉的斥责。

在职场中，信息混杂的例子不胜枚举，但其实这些问题很容易避免，我们只需要做确认。比如乔希，他给主管迈克打电话：

> 乔希：你好，迈克。我们的任务单上写着我们需要拆除十楼的钢材支架，但我想确认这些支架不是用来承载起重机的。
>
> 迈克：十楼？不，在九楼。
>
> 乔希：哦，文件上面写的是十楼。
>
> 迈克：别动。我现在就上来。我想你走错楼层了。

>>> 第 2 步　确认自身职责和下一步的行动

以回顾手头工作的进展情况来作为会议的开场白，而不必纠结于为什么有些事情发生了或有些工作没有做。如果你在谈话中能切中要害，一针见血，你将创造一种负责任的企业文化，让员工信守诺言。

模棱两可的谈话或会议让人在行动中不知所措，这种谈话或会议只会白白浪费时间，所以对之要采取零容忍的态度。一个简单的做法是，在会议结束前 10 分钟停止会议，而不是试图在剩余的时间里再硬塞进去几个话题。现在，写下你需要采取的行动，谁对每一个行动负责，以及何时需要完成这些行动。俗话说，好记性不如烂笔头。

 第 13 课：清晰无误地传递信息，以避免日后出现问题。

>>> 第十四章

有效谈判帮你争取权益

满足谈判双方的需求

　　米伦卡·萨维奇是一位年轻的塞尔维亚女孩，第一次巴尔干战争中她的哥哥被招募入伍。24 岁的米伦卡巾帼不让须眉，她剪短了头发，也参军了。在 1913 年布列加尔尼卡战役中，她作战勇敢，表现优异，被授予勋章并晋升为下士。在第二次巴尔干战争中，当她严重受伤时，战地外科医生发现米伦卡是个女孩。

　　米伦卡和她的指挥官开始了一次颇为尴尬的谈话，指挥官宣布米伦卡将成为一名战地护士。

　　毫不奇怪，她不喜欢这个决定，希望能继续留在自己擅长的领域。指挥官陷入了两难境地，说他需要一些时间来考虑这件事。米伦卡感觉到指挥官有点动摇了，立即抓住机会，力图在谈判中占得上风。"我会一直等。"她说。

　　她站在那里一小时后，指挥官屈服了。米伦卡回去参加战斗，并以自己英勇的表现回报了他的信任。到第一次世界大战结束时，她获得了无数的荣誉和勋章，包括：塞尔维亚授予的"卡拉格之星"勋章（两次），俄罗斯授予的圣乔治十字勋章，英国授予的圣迈克尔勋章，法国授予的"荣誉勋章"（两次），以她的名字为贝尔格莱德的一条街道命名。那么，有效谈判的基本原则是什么呢？

像个谈判官一样思考

当我在印度开始第一份工作时，记得我的老板说过在英国他基本不会买正价的鞋子，我当时特别惊讶。我会在拉贾斯坦邦的一个街角讨价还价，但在英国的大街上我从来不讲价。后来我意识到他和我看待生活的方式完全不同；对他来说，一切都可以谈，价格标签只是谈判的起点。在这方面我和他相比差得太多。

细想一下，你每天都在谈判。如果你有年幼的孩子，你会为睡觉时间争吵；如果你的孩子十几岁，你们会为你是否越界而争论不休；如果你有一个严苛的老板，你就需要为其要求来让步。无论你是一个好脾气的人还是死磕到底型的人，每一种情况都是一场谈判，找到双方都能接受的平衡点不容易。如果你对每件事都说"不"，人们会认为你不通情理，慢慢就不搭理你了；如果你凡事都说"可以"的话，你会被自己无法兑现的承诺压垮。当你把自己看作一个谈判者时，生活就提供了无数的机会。

把良好的关系放在首位

瑞拉的电信公司与竞争对手共同承担移动网络安装和维护的费用。这在业内很常见，但这意味着瑞拉和她的同行之间，存在既合作又竞争的关系：在基础设施方面，他们是合作伙伴；而在争夺客户方面，他们是竞争对手。更复杂化的是，他们的公司各有不同的策略。瑞拉的公司希望尽快推出新网络，但其合作伙伴则认为不能操之过急。对于优先事项的分歧造成了双方紧张的关系，每一次谈话都会产生分歧，需要进行谈判。瑞拉知道，当对方的商业经理将法律合同的副本带到会议上时，自己的处境不利。

到目前为止，瑞拉和她员工一直不愿与对方坦诚相待，因为他们不想失去谈判的筹码。他们认为诚实会导致脆弱，所以他们的谈话都是慎之又慎的。每一次双方会议结束之后，他们通常会有一个内部汇报，在汇报中会寻找隐藏的议程，讨论如何保持优势。一场责备模式的谈话将是这样的：

那么，你觉得罗宾对新项目是什么看法？

很明显他在拖延时间。他肯定接到了通知，要放慢速度。

他说话的时候你注意到他的肢体语言了吗？

是的，他从一开始就戒心很强。

两家公司的领导人可能都忘记了，如果对对方没有基本的信任，那么他们的合同将一文不值。他们在商业上的投资都是大手笔，但在关系的改善和维护方面没有任何投入。正如德国前总理默克尔在欧元区各国领导人就希腊的经济救助方案达成协议时所说："我们已经失去了最重要的货币，那就是信任。"生活的其他方面亦是如此。如果瑞拉和其他董事能明白，谈判是在人与人之间进行，而不是公司与公司谈判，那么他们可能会以更加诚实和坦诚的姿态对待对方。

记住更大的目标

两家公司刚刚签署了下一阶段网络推广的合作协议，他们各自的律师已经花了数周的时间就与可能永远不会出现的违约赔偿金有关的合同条款争执不休。其实，他们讨论的都是无关紧要的小问题，但延迟推出网络已经造成了超过100万英镑的损失。双方律师们不愿做出让步，但他们进行的每一场战斗，都会削弱两家公司的关系。

瑞拉召集双方领导人开会，看他们能否解决问题，继续合作。她非常坦诚地表示，双方的关系出了问题，承认她和自己的团队在这件事上并非没有责任。这是她第一次放松警惕，给对方一个坦诚的机会。大家逐渐意识到，他们只是在做自己认为正确的事，而不是着眼于大局。正如其中一人所说，他们实际上是在争论谁要在酒吧里为饮料买单。瑞拉问在场的所有人：

如果我们是一家公司，我们将如何着手建设移动网络？

这就开启了一种新的谈话模式：讨论能做什么，需要做什么，而不是互相指责。自以为是被好奇心所取代，他们重新找到了最初将两家公司聚在一起的雄心壮志。在短短一天内，他们的关系大大改善，比前三年获得的所有进步加起来都大。冲突和障碍不可避免，但至少他们是在一个共同愿望的背景下讨论这些挑战和障碍的。他们决定每季度会面一次，进行类似的谈话。这是一个明智的举动，在任何关系中都是正确的：如果在小问题上花太多的时间争论不休，你将忘记为什么一开始大家选择合作。

你该怎么办

>>> 第 1 步　精心准备

芬恩的朋友在一家咨询公司工作，这家公司与好几个政府部门有合作项目，他们正在招聘政策顾问。芬恩前去应聘并顺利地通过了第一轮面试，在第二次面试结束时，他们讨论了更多的实际问题：

面试官：恐怕咨询业的一个很现实的问题是我们需要去客户所在的地方，这意味着要经常出差，这点你准备好了吗？

芬恩：是的，我没问题。

面试官：至于薪水，你的起薪是 34 000 英镑，我们有个分红政策，一年之后，你也能享受到这个政策。

芬恩：好，听起来不错。

面试官：最后，带薪休假每年四周，工作三年后，最多可每年五周。如果我们提供给你这个职位，关于其他条款或报酬方面，你还有什么问题吗？

芬恩：没有了，谢谢。我等着你的消息。

事后，芬恩担心经常出差的问题，因为明年他就要结婚了，他不希望工作影响到家庭生活。另外，他还质疑，工作说明上明明写着"32 000 英镑到 40 000 英镑"，为什么他的薪水是 34 000 英镑？因为在面试中没有提到这个问题，他觉得他错过了要求更高薪水的机会。芬恩准备好了回答有关他的经验和技能的问题，但没有为谈判做好准备。

如果时光倒流，芬恩能退回到那次面试，他会尽可能提前做更多的调查，收集他未来雇主的背景信息，调查其他咨询公司是否有类似职位。当他找到一个大约相当于 38000 英镑工资的职位广告时，他决定填写一份申请表，尽管这个职位不太适合他。尝试申请一个薪水更高的职位没有什么坏处，这也为他提供了比较薪资水平的谈判空间。

>>> 第 2 步 了解自己的参数和阈值

如果芬恩能提前计算出他的参数和阈值，他就会知道什么时候谈判，什么时候离开。他的参数包括工资、工作地点、职责和晋升前景。对于每一个问题，他都需要知道自己想要的结果和应回避的要点，这样他们的谈话和之前的相比就大有不同了。例如，他可以清楚地就出差问题说明自己的立场：

面试官：恐怕咨询业的一个很现实的问题是，我们需要去客户所在的地方。这意味着要经常出差，这点你准备好了吗？

芬恩：是的，当然。如果一周有两个晚上不在家完全可以接受，偶尔一周都不在家也可以，但我不想让这成为一种常态。

面试官：既然你是一名政策顾问，你就应该关注我们在伦敦和布里斯托尔的政府合同。如果是这样的话，你的工作会有很大的灵活性，但从长远来看，我不能做出任何承诺。

这是芬恩希望确定的事情，他觉得提出这个问题会更好。通过了解自己的参数和阈值，你将更加自信，并增加成功的概率。

>>> 第3步　设锚

虽然34 000英镑的薪水可以满足芬恩的要求，但如果他能通过协商得到更高的薪水，那自然更好。而这就需要锚定原则，如果你能在对方的脑海中留下一个标准，那你们的谈判会围绕着那个标准上下波动。设锚需要合理，不能漫天要价，否则会毁了你的信誉。这让我想起了《学徒》中的一集，菲利普想成为一名企业家，他为一家餐厅做宣传。他一开始对烤面包的报价是可笑的每人65英镑。遭到鄙视后，菲利普意识到自己的错误，在用计算机一番计算后，给出了每人大约35英镑的报价，结果再次被拒绝。他深呼了一口气，用绝望的语气问道："好吧，如果我的价格降到每人17.50英镑呢？"最后，他们以每人15英镑价格成交。当客户询问他们出的价格能买到什么质量的烤面包时，菲利普给他们出示的是标价为65英镑的菜单。在观察室，苏格拉勋爵对他的评价越来越差了。他说："你看起来就像个卖假货的骗子。"菲利普在谈判中的教训是可以吸取的。

如果芬恩已经准备好了，关于工资的对话可以这样进行：

面试官：至于薪水，你的起薪是34 000英镑，我们有个分红政策，一年之后，你也能享受到这个政策。

芬恩：我手边还有另外一份申请表，是一个类似的岗位，他们提供的薪水是 38 000 英镑，所以我希望我的薪水能更接近这个水平。

面试官：好吧，这个我们可以进一步谈。我认为达到你提到的那个数字有困难，但也许我们可以更接近它。

芬恩干得漂亮。他的目标工资实际上是 35 000 英镑，但他把锚定在 38 000 英镑，与《学徒》中的菲利普不同，因为芬恩定的是一个很现实的目标。最后，咨询公司给他的薪水是 37 000 英镑。

>>> 第 4 步　学会说"不"并讨价还价

毫无疑问，如果你不会说"不"，你会饱受堆积、头晕目眩、浮光掠影和溢出之苦。有些人认为拒绝一个请求是软弱的表现，但如果你无法履行承诺，这种理念就毫无意义。由于提出请求的人通常不知道你还要履行其他的承诺，也不知道做这件事你要花多少时间。所以，谈判协商适当的最后期限，恰恰是一种有能力的表现。

让我们从每天发生的情况开始——会议的最后 5 分钟。学校主任马特在周四下午与部门负责人开会，在会议快要结束大家准备离开时，他开始讨论行动和责任：

好吧，现在说下一步要做的事。露易丝，你能负责撰写一份关于科普类旅行的计划吗？星期一我就要。

在过去，露易丝会说"好的"，然后花三四天撰写计划，哪怕马特没有给她足够的细节内容。这次，她不会犯同样的错误：

露易斯：我需要做什么？

马特：写一下每一次旅行的细节和成本明细。

露易斯：我明天没时间做这件事，但在周一或周二午餐时间我可以给你一份不含成本明细的报告。

马特：星期二午餐时间就可以，但不能再晚了，因为星期三我需要给州政府官员就此事发一份简报。

通过建议"周一我就要"，马特只是试图在这个过程中留出一些时间。除非露易丝自己提，否则他不会知道自己可能毁了她的周末。

有时候你需要就各种承诺进行权衡。如果你的老板要求你在下班前完成某件事情，而你正在全力以赴地完成另一个项目时，你需要问老板："这些事情中哪一个更重要？"让他或她从中做出选择。同样，如果两个职位比你高的人同时提出紧急请求，你要让他们彼此沟通协调，解决优先做哪项工作的问题。不管怎样，如果不加筛选全盘接受的话，这种状态也很难持续。俗话说，不要因为害怕而谈判，但也不要害怕谈判。

 第 14 课：不管你喜欢与否，你都要做谈判官。

>>> 第十五章

不可忽视的文化影响

不同的文化带来不同的倾向和感受

很多年前，我第一次在马德里工作。我为大约40人主讲了一个为期两天的关于领导力的项目，并做了一些翻译工作。我知道自己的日程很满，所以9点准时出发，但学员大多数人都会迟到10分钟左右，而且来了之后第一件事是喝咖啡。等我终于把所有人都召集起来，开始工作后，他们坚持要我上午11点再停下来喝杯咖啡。休息时，当我焦虑地盯着日程表时，酒店的工作人员端上了一份西班牙煎蛋卷。

等到所有的人喝完咖啡回来后，我们取得了不错的进展，一直工作到下午2点，然后午餐时间到了。我原以为是一顿简简单单的工作餐，结果却发现餐馆为每人准备了三道菜，酒瓶也已经开封了。下午3点30分，当大家还在享受咖啡时，我几乎绝望了，但我的西班牙主人把我带到一边，说会议进行得非常顺利。我又惊奇地发现，大家并不介意工作到很晚才去吃晚餐。这时我意识到，吃饭并不是一种打扰，而是他们工作中不可或缺的一部分，并为交谈提供了机会。第二天，我重新调整好状态，上午11点的休息时间，为自己多点了个蛋卷。在欣然接受这一新工作方式之后，我飞去了慕尼黑。在那里，我遇到了一丝不苟的德国东道主，他们把一切都安排得井然有序——我被看作是疯狂的西班牙人。

我到过的国家越多，就越反思何为正确的做法。我了解到，正如许多跨国公司所付出的代价一样，将自己的文化习俗强加给他国，是不合理也不尊重他人的行为。

中西文化存在差异

项目经理拉斐尔的公司正在将部分 IT 开发工作外包给中国，拉斐尔的工作是监督整个交付过程，但从一开始就有很多问题让他困惑不已。当拉斐尔发出一封电子邮件，说自己会在两个月内飞往北京时，他没有收到中国同行的答复。最后他通过电话联系到刘伟时，似乎还是无法确定会面日期。每次他想得到一个明确的答复，但得到了都是模棱两可的回复：

拉斐尔：我 3 月 27 日出发。我们能在 28 日上午 11 点见面吗？

刘伟：可以的。

拉斐尔：好吧，那就确定了，是吗？

刘伟：到时候我们会尽力去见你的。

在他第一次见面结束后，拉斐尔才明白刘伟的意思。

在你来北京前两三天打电话给我，我们可以确定一个大致的计划。然后在见面前一天再联系我，最终敲定见面细节，在会议当天的早上再提醒我你要来。

刘伟的这种安排更有灵活性，为老板或更大的客户留出时间。这种"最后一分钟确定细节"的做法，在中国是很正常的做法，甚至连政府部门也是提前几天才宣布公休日的安排。慢慢熟悉了情况后，拉斐尔学会了说：

我将于3月27日抵达北京，30日晚必须离开。我希望在这期间与你和你的同事见面。

通过保持时间安排的灵活性和使用"希望"而不是"要求"这个词，拉斐尔确认他们的关系是建立在尊重而不是控制的基础上的。在中国，成功交谈的秘诀，总是在于能够理解字里行间的内容。一方面，拉斐尔有时会因为不明白一些微妙的表达而无意中冒犯了别人；另一方面，刘伟和他的同事也会"误读"拉斐尔的无心之言。

当拉斐尔与刘伟和他的同事第一次见面时，他发现了中西文化的差异。他们进了会议室，拉斐尔在离门边最近的座位上坐下，这时他意识到现场气氛不对。刘伟几乎惊叫起来,领着尴尬不已的拉斐尔坐到老板左边的座位上,老板是在场职位最高的人,他的座位正对着门,刘伟坐在老板的右边。资历最浅的人背对着门坐着。一共有八把椅子——"八"是个吉祥的数字。

开始会谈后,拉斐尔觉得刘伟不愿意谈正事。每当他把谈话带回到关于商业条款或技术要求的讨论中,刘伟都会转移话题。在一顿晚餐和一次会议之后,拉斐尔感觉没有任何进展,但他没有意识到,从中国人的角度来看,一切都进展得很顺利。除非他们之前的关系基础牢固,否则做生意需要耐心,然后再会谈实质性的内容。而这不是拉斐尔的天性,在他的英国和美国的一些同事看来,这种推诿的态度会让自己分心。然而,对于刘伟和他的同事来说,这是建立关系的过程,与推诿无关;这是做生意的一个条件,如果不喜欢,他们将与另一家公司合作。

是的,是的,是的

瑞拉的电信业务已将很大一部分 IT 业务外包给印度,而瑞拉(正如拉斐尔在中国的经历)正经历一段曲折的文化学习过程。首先,令她印象深刻的是,印度软件公司的领导者对于满足她的要求信心满满。每个要求得到的回复都是:"是的。"但随着时间的推移,一些问题开始显现。例如,当瑞拉公司营销部门的劳拉创建了一个新的移动价格套餐,提供 1GB 的数据、200 分钟的语音时间和 500 条短信，劳拉把这一套餐转发给由拉希姆领导的印度软件团队。和往常一样，营销团队希望能在短时间内得到认可，并及时交付。但是，当他们随后想要一个小的改变时，就发生了下面的情况：

瑞拉：这很简单。我们只需要把价格改为 18.99 英镑。其他一切都保持不变。我们明天就需要，所以你能优先处理这件事吗？

外包团队：恐怕不那么容易。

瑞拉：什么意思？

外包团队：好吧，我们之前的操作不是这样的，所以我们需要重写代码。这需要更长的时间。

这个问题可以追溯到最初的一套需求。当初拉希姆和他的团队接到的要求是编写一次性的代码，因此现在没有内置组件实现快速而简单的更改。即使当时他对这种编写一次性代码的安排有顾虑，他也不会当面提出。瑞拉的经历并不少见。对美国和西欧企业与印度合资伙伴之间外包关系的研究发现，许多印度员工不愿在面对面的会议上发表批评意见。一项研究表明，他们有时在会后发邮件发表意见，但这让他们的英国同行感到沮丧，后者希望通过讨论来优化方案、挑战假设或表达担忧。这项研究的结论是，从文化上讲，取悦的欲望压倒了自信的表达，特别是在权威人士面前。

区分直接和间接

当市场营销主管玛雅到纽约，向她的美国同事展示他们在英国广播的最新的洗衣粉广告时，他们大笑出声，几乎无法理解其中的寓意。这则广告涉及一家洗衣店里一只会说话的熊，影射其产品。在英国，这则广告是该公司在激烈的市场竞争中立足的长期战略的一部分。相比之下，最新的美国广告是关于同类产品的比较，强调他们的产品在哪些方面比其最竞争对手更有价值。

这种区别与美国和英国不同的谈话风格相似。确实，泛泛地进行一般意义的比较是错误的，但是英国人的谈话往往更倾向于自嘲的幽默、间接的讽刺，所有这些美国的合作伙伴都可能不理解，他们想知道为什么我们不直截了当地说出来。

在我的前作出版后不久，我接受了一个美国广播节目的采访。在实况广播中进行电话连线是个挑战，但我尽了最大努力去倾听、诚实地参与，并回答向我提出的问题。节目完成后，我对自己的总结是，尽管我有缺点，但我还是尽了最大努力，并把这次采访的录音发送给了我在美国的公关人员。他认可了我的努力，但说："唯一的问题是你没有推销你的书！"老实说，我觉得推销了，但我们对推销这个概念有不同的理解。在我的世界里，这意味着偶尔提一下我的书，而不会显得过于刻意。在他看来，我应该更直接推销，正如他所说："对美国观众来说，那些听起来很恰当、很合乎心理预期的话，在你看来是厚颜无耻的。"一种文化中的直截了当，在另一种文化中可能会被理解成拐弯抹角。

你该怎么办

>>> 第1步　像世界公民一样思考

认为某个国家的每个人都符合该国一系列民族特征的想法，是完全错误的。并不是所有的中国人都会像刘伟那样行事，也不是所有的印度人都会表现出拉希姆那样的取悦他人的意愿。此外，各国的内部地区差异也很大。例如，在美国东海岸的波士顿和西海岸的旧金山，尽管这两个城市的政治自由度和经济结构都很相似，却有很大的文化差异。加利福尼亚大学的社会和文化心理学家维多利亚·普劳特的研究，强调了波士顿对于传统很依赖，而旧金山则更崇尚自由，这就说明了为什么一国内跨区域的交流也会出问题。虽然这些差异是城市层面而非个人层面，但这些差异强化了对于不同文化规范保持敏感度的重要性。

2009年，美国政治家纽特·金里奇宣称："我不是世界公民。我认为整个概念本身在学术层面上都是无稽之谈，极其危险。"

无论他喜欢与否，我们的商店充斥着在国外种植或生产的产品，我们的个人财富与外国金融市场的表现息息相关，正如比尔·盖茨所说，互联网正成为地球村的城镇广场。此外，DNA研究的进展表明，我们之间的联系比我们想象得更紧密。

像一个世界公民一样思考，并不意味着你必须放弃自己国家的身份和习俗，但需要你尊重其他国家的文化和信仰。在实践中，这意味着当你在当地文化环境中工作时，虽然你无法做到事事都懂，但至少可以不懂就问。

>>> 第2步　检查你自己的习惯

对其他文化中的人际交流模式怀有好奇心，可以提升自我。例如，我注意到我的西班牙同事在狭小局促的办公室厨房里会把午餐变成一个小型活动。铺开一块桌布，放上各自的饭菜，营造一点仪式感。半小时内，他们就会停止头晕目眩模式，聊聊各自的生活，或者讨论西班牙足球的最新赛况。在此过程中，他们延续并重塑了在城市广场上存在了数千年的习俗。美国一项为期15个月的针对消防员的研究，证实了一起吃饭对协作能力和工作效率会产生积极影响，他们的工作性质要求他们一起吃饭，以防接到紧急呼叫电话。

回到工作中，我观察到我西班牙同事的交流方式非常直截了当，因为他们之间关系的基础很牢固。与在我的办公桌上独自吃三明治相比，他们非正式的午餐聚会完全是放松的，桌布随便选。我已经感受到充分的休息使我的头脑更敏锐，并增进了我与同事的关系。每当体验到一种不同的文化，我就有机会回顾和重新校准自己的工作实践。

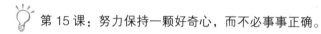 第 15 课：努力保持一颗好奇心，而不必事事正确。

第十六章

让闲聊发挥作用

闲聊也可以有意义

婴幼儿在6个月至10个月期间，会发展出一种所谓"胡言乱语"的说话模式，这是全面语言能力的前身。所有的孩子都会胡言乱语，我们知道这是一种先天能力，而非后天习得。随着语言能力的发展，小孩子开始唠唠叨叨对着父母不停地说话。据说阿尔伯特·爱因斯坦则恰恰相反，他直到4岁时才开口说话，漫不经心地对迷茫的父母说："汤太热了！"当他们问他为什么不早点说话时，小爱因斯坦说一切都很好，没有必要说话。

我的前作出版以来，很多媒体希望我就闲聊这个话题谈谈自己的看法。这肯定是这个时代的标志，如果据此认为大多数人喜欢闲聊，那就大错特错了。许多人憎恶闲聊，认为这是一种浪费时间的犯罪行为，他们把闲聊和虚情假意联系在一起。

我的问题是：如果你天生喜欢闲聊，为什么不试着成为这方面的专家呢？要做到这一点，你必须把闲聊看作是一种任何人都可以学会的技能。并不是每个人都能像那些擅长社交的人那样，轻松地把握时机、有幽默感、乐于与人交往并深谙其道。像瑞士军刀一样，闲聊在工作场所也有多种用途。

找到你的闲聊主题

最近在希腊，我发现关于天气的话题简直是闲聊的杀手。他们对于天气的区分就是热、很热、非常热。相比之下，英国人以把谈论天气作为开场白而闻名。对许多外国人来说，这是难以理解的，但如果你意识到这是我们的一种说话方式，就能明白了。换言之，当我们讨论天气的时候，并不是真正地谈天气。

社会人类学家凯特·福克斯在她《看英语》一书中，研究了聊天气的多种用途。如果你上了出租车，谈论天气可以成为衡量司机是否对聊天感兴趣的一种方法。天气可以被直截了当地当作开场白，也可以当谈话变得尴尬时用作停顿，或者通过共同抱怨让你与对方建立起某种联系并找到双方的共同点。因此，至少在英国，大家不会质疑他人对天气的看法，因为这根本不是重点，重点是建立一种互惠的关系而不是天气本身。

当教师露易丝在购物时遇到学生的父母，当企业家哈里在拥挤的酒吧里和客户喝了一杯速溶饮料，或者项目经理拉斐尔在餐厅里遇到了一位来自人力资源部的同事，这些都不是谈大事的适当场合，闲聊会让他们确认和深化彼此之间的联系，而不必陷入沉重的讨论中。

有效闲聊的 3 个核心关键

因此，如果互惠原则是闲聊的核心原则，那么支撑互惠的关键因素是什么？

表现出兴趣：无论你是否喜欢闲聊，当你表现出对闲聊的兴趣时，人们都会非常感激。我经常让人们向我描述他们曾共事过的最好的经理，以及他做过哪些实际工作赢得他们的信任和钦佩。有一个人说的话深深地印在我的脑海里：

> 去年我在一个建筑项目组工作，我的老板每天早上会把车停在工地办公室靠近后门的远端，所以他在去自己办公室的路上会经过一排办公桌。他总是和每个人打招呼。他会问建筑师："玛丽怎么样了？"因为他知道她病了。"这次要把它修好啊。"他会对高级工程师眨眨眼，等等。他可能需要15分钟才能到达办公桌，但对鼓舞现场的士气和提高工作效率非常有用：我们愿意为他做任何事情。一段时间后，他被叫去做另一个项目了，我记得我们的新老板来的那天，他把车停在前门，径直走向办公室，去开会了。一个月之内，我们都想换工作了。

那些说自己没有时间闲聊的经理们忽略了一点：他们是在管理人，而不是在管理车轮上的齿印，而且他们自身的亲和力会决定员工的忠诚度。

提出需要充分回答的问题：要让别人感兴趣，只需要提出问题就够了。哪怕是最内向的人，当遇到一个自己刚好感兴趣的话题时，就会变得非常活跃。一个关键因素是提出问题的方式。假设你问某人住在哪里，他会说："伯明翰。"然后你问："你喜欢那里吗？"他们会说："还好。"我在讨论希腊的天气时就是这种情况。只要稍微改变一下你的问题，就能得到更充分的回答。例如："你在伯明翰住了多久？"和"你是怎么来到伯明翰的？"这两者之间有一个微妙但重要的区别，这是语言的非凡之处。通过改变重点或重新表述问题，你可以把对话引到另外一个方向。

最好的销售员一定深谙其道。如果我走进一家商店，一个店员问："要买什么吗？"我通常会下意识地说："不买！"原因是我想主动地买东西而不是被推销。相反，如果我被问到一个开放的问题，而不是一个封闭的问题，那么谈话就有可能活跃起来。我记得很多年前，我第一次当爸爸后不久，去了纽约的诺德斯特罗姆，我漫步在柔软的玩具区。店员没有问我是否要买东西，而是问我要买礼物给谁。一两分钟之内，我们讨论了女儿、出生体重和不眠夜等。体育用品商店部门经理欧娜比任何人都知道这一点：如果她培训她的售货员提出需要充分回答的问题，他们的客户服务会更好，销量也会更高。

注意细节：有一位老板，他工厂里有大量的员工，无法记清与员工的所有谈话内容。因此，他准备了一个笔记本，在与员工交谈后，他有意识地记下他们孩子的名字或喜欢的运动队。一段时间后，等再见面的时候，他就会问："阿奇队最近表现如何？"你可能认为这有点太刻意，但如果有人能记得你做过的意大利面或曾为某个慈善机构捐款，你真的在乎他们有惊人的记忆力或一个笔记本？不是！问题的关键是他们记住了你所做的事情。虽然大多数人都忙于头晕目眩模式，甚至记不起你的名字，但那些付出额外努力的人一定卓然不群。

弗格森爵士被认为是有史以来最伟大的体育经理之一，他在曼联 26 年中赢得了 38 个奖杯。瑞安·吉格斯在俱乐部球队待了23 个赛季，他说：

> 他有惊人的记忆力，能记住每个人的名字，包括接待处的凯瑟琳、洗衣女工、厨师和清洁工。他有 65~70 名队员，加上三四十个体育学校的小球员，他都了解他们，并对他们在做什么及其进展感兴趣。

我们许多人抱怨记不住别人的名字，在别人自我介绍三秒钟后就把名字忘得一干二净。一个简单的生理性原因是：当我们遇到某人时，我们更专注于眼神交流、打招呼和握手，相应地听力被削弱了。解决方法是只需将注意力放在对方的名字上，并在谈话中叫出对方，就可以增加日后回忆起这个名字的可能性。这是一个很小的改变，但又很重要，表明你对他们的生活很感兴趣，这反过来会使闲聊变得更容易，效果也更好。

从女王的律师身上学到的闲聊技巧

我儿子马库斯与我的性格截然不同，他乐于和任何人聊天，不管对方年龄或地位如何。他10岁时，我带他去参加一场职业橄榄球比赛的午餐聚会。我坐在他的右边，一位知名律师坐在他的左边。这名男子为女王服务，因在英格兰高等法院的辩护中表现出色而被授予荣誉称号，他刚刚完成一个全国媒体都很关注的案子。我旁边的一位女士和我聊天，而我担心自己忽视了马库斯。我每次看他的时候，他在用餐过程中和律师聊得热火朝天，以至于我都不想打断他们。后来，我走到律师跟前，表示感谢他和我儿子聊天。他给了我一个非常和蔼、略带戏谑的微笑，说："我主要是在听！"

合群当然很好，但擅长社交的人也需要在闲聊中提高自己的技巧。有时，他们会不经意地填补谈话中的每一个空白，话说得太满，忘记他们需要为其他人创造发言的机会。虽然喜欢反思的人可能不太倾向于发起谈话，但如果就此得出结论，认为他们不愿意谈话，那是完全错误的。

你该怎么办

>>> 第 1 步 利用各种机会练习

如果你经常处于堆积和头晕目眩模式，你很可能无法找到那封开启机遇之门的推荐信。每天花几分钟时间，和你不太了解或根本不了解的人交谈。慢慢地，你会发现这种练习不再是耐力测试，而是成为学习新事物的机会。

我曾经和南非的一位领导人共过事，之前我们是电话联系，未曾见过面。当我乘坐的飞机在约翰内斯堡着陆后，我径直来到他的办公室，见到了他和他的副手。他没有把时间浪费在闲聊上，而是直接谈工作，但我意识到我对他们两人几乎一无所知，就请他们告诉我他们的背景和工作之外的生活。那位领导想了一会儿说："我喜欢航海。事实上，我曾代表我的国家参加过世界锦标赛，并参加过奥运会的训练。"他的副手当时惊呆了，合作了四年，交谈过数千次，他们对彼此的了解竟微乎其微。在那一刻，闲谈引发了大讨论，我们那一周的工作也变得轻松起来。

想想看，你与你的伴侣或最亲密的朋友的关系，可能是从闲聊开始的，这同样适用于职场。我十几岁时在印度工作，这个机会是我母亲在英国当地的肉店和另一位顾客聊天中获得的。比尔·休利特也是因为一次闲聊被斯坦福大学录取的。一位教工告诉休利特的母亲，休利特的学业成绩不足以让他被录取，问他为

什么要申请斯坦福大学。她说自己已故的丈夫沃尔特·休利特曾
在该大学学习过，比尔想追随父亲的脚步。据说这位教工曾教过
沃尔特，并认为他是有史以来最好的学生。年轻的比尔就这样被
录取了，认识了戴维·帕卡德，这一切都要感谢他的母亲。

>>> 第 2 步　退出策略

如果你想从闲聊的谈话中抽身，需要有一个退出策略。在我
看来，没有必要用冗长的理由。市面的杂志上充斥着各种如何结
束谈话的建议，大多数都很糟糕。最糟糕的莫过于格劳乔·马克
斯说的："我永远不会忘记别人的面孔，但你是个例外。"当我
想结束闲谈时，我更倾向于采取英国化的方式，在离开前说："很
高兴见到你。"

 第 16 课：你永远不知道，闲聊会给你带来什么。

>>> 第十七章

处理分歧

如何处理艰难的谈话

20世纪70年代，我是个小学生，一级方程式的王牌是我们的最喜欢的游戏。我们互相交换赛车卡片，比较赛车的速度和马力。很多赛车手已经去世了。事实上，这是这项运动的一部分，赛车会相撞和燃烧，而其他选手躲开残骸继续自己的比赛。曾3次获得一级方程式世界冠军的杰基·斯图尔特爵士在他的自传中描述了这种情况："想象一下，11年间你失去了57位朋友和同事——重复一遍，57位——每个周末看着他们做着你之前做过的事，又眼睁睁地看着他们在可怕的情况下死去。"

杰基厌倦了这种不必要的送命，对赛道所有者和汽车设计师的惰性感到恼火，他受够了这一切。当他提出更好的安全标准这一概念时，批评之声如排山倒海之势向他涌来，批评家们声称他是在把男子气概从这项运动中抹去，另一个赛车手甚至在他听到发令枪时发出了小鸡的叫声来羞辱他。

在写这本书时，我请杰基对他生命中的这个阶段进行评论，他首先指出他患有严重的阅读障碍。在学校被一个老师描述为愚蠢，不具备聪明孩子的读写能力。他努力提高自己的沟通技巧，这对他与批评者打交道时大有帮助：

> 当我全力开展提高赛车安全性的运动时，在全球范围内，我面临很大的反对之声。那时候我很不受欢迎，仅仅是因为我想把钱花在提高赛车安全性能上。尽管死亡率很高，但大家认为这是没有必要的。最后我们成功了，但这是我所取得的最具敌意的成就之一。

杰基强调，他的成就建立在尊重、正直和关心的基础上，而不是基于敌意。但真正理解这些抽象的概念并不容易。那么，你会如何处理真正艰难的谈话，比如，客户的粗鲁言行，同事的挑衅，或者你需要对某人的表现给出负面的反馈？更重要的是，一旦谈话出了问题，你该如何收场？

与对方站在同一条战线上

在当地医院的重症监护室里，艰难的谈话是玛莎一天中不可或缺的一部分，她在那里做志愿者。患者的家属处于震惊、悲伤和焦虑的状态。在接待区，他们必须等待护士的批准才能探视患者，但这对一些家属来说很难理解，他们经常把玛莎视为一个障碍。朱克斯先生来看望他的妻子，他妻子患有危及生命的疾病：

朱克斯：我是来看露西·朱克斯的。我现在可以进去吗？

玛莎：请你在这儿等一会儿，我这就去和护士谈谈。

朱克斯：我要现在见露西。没人有权让我等，尤其是接待员。

玛莎：当然，你有权见到她。我理解5分钟对您来说很漫长。我们让你等的原因是为了确认护士们是否正在为露西做检查。我马上和他们谈谈，然后回来找您。

玛莎学会了不要过度反应，这是进行艰难谈话的首要原则。不管别人怎么说，她不会认为对方是针对她本人的，也不会卷入争论中。相反，她理解家属的内心备受煎熬。玛莎不知道其实她正在遵循一个类似于FBI人质谈判部门制定的程序，该程序适用于任何出现分歧或艰难的谈话：

积极倾听——确保对方知道你在倾听。

同理心——理解对方的观点和感受。

建立融洽的关系——建立信任和亲和力，让对方回报你的同理心。

影响——只有努力解决他们的问题，才能赢得了他们的信任。

改变行为——以积极和建设性的方式影响他们的行动。

FBI首席国际人质谈判代表克里斯·沃斯称，大多数人试图直接从第四步开始，然后不明白为什么谈话会出错。沃斯强调，认为情绪在艰难的对话中不起作用，是愚蠢的。即使你克制自己，对方的情绪可能还很激烈，这一点千万别忽视。

因为玛莎积极倾听并同情朱克斯先生，朱克斯意识到玛莎和自己在一条战线上，而不仅仅是把医院的规定强加给自己。当天晚些时候，玛莎给他端来一杯茶，让他找点吃的；并向他保证，如果露西的情况有变化，她会立刻和他联系。朱克斯很感激玛莎的帮助和理解，甚至为他之前的粗鲁行为道歉。

玛莎的沟通技巧，适用于任何从事客服类工作的人。如果客户对你有意见，除非你努力进入他们的世界，否则很难进行有效的对话。想想你站在超市长长的队伍里，心里越来越厌烦。当你到达收银台时，收银员说，"很抱歉让你久等了"，但你觉得这样的话他们说了一千遍了，一点也不感动。但有的收银员会用不同的方式说话。他们真诚地为给你带来的不便道歉，你会觉得他们和你在一条战线上。一瞬间，你的消极情绪会消失得无影无踪。如果你的员工能这样沟通，你就不会失去客户。专注于交付，努力谈判，让员工履行承诺，你就能成功。如果你能倾听、有同理心并努力建立融洽关系，你的员工会以他们的忠诚回报你。

在冲突发生前保持你的重心

市场营销主管玛雅和她的团队正在介绍他们在新的数字营销活动中所做的工作，她的内部客户是乔恩。乔恩是出了名的直率，但别人也抓不到他的把柄，因为他注重结果，并且过往业绩很好。让玛雅恼火的是他看不起自己的团队，并且表现出一种优越感。

此时，玛雅已经上钩了：

> 乔恩：我认为你们的营销活动很弱。我一点震撼的感觉都没有。
>
> 玛雅：乔恩，我们三周前才收到了这次竞选的简报，所以我现在把所有的工作都完成了，你该很庆幸才对。
>
> 乔恩：嗯，也就是说你承认你们的营销很弱了。
>
> 玛雅：你这是在侮辱别人。

谈话一眨眼间就陷入僵局了。玛雅和乔恩在会上都有自己的同事，他们都有山雨欲来风满楼的感觉。玛雅和乔恩对两家公司关系的维护没有任何好处，而几分钟内就会发生的谈话正面碰撞。下面是玛雅对付乔恩的一些策略，其中的每一步都会改变对话的走向：

不要过度反应——乔恩在激怒别人，所以最好的方法是不要过度反应。有趣的是，玛雅可以用这种方式赢得他的尊重。她可以在头脑清醒、心平气和时反驳他，但当务之急是避免公开争吵。如果她能在乔恩的挑衅面前保持重心，他们之间仍然可以进行富有成效的对话。

询问对方需要什么——只要玛雅问到这一点，她就会把谈话从乔恩的观点带到一个更积极主动的方向：

> 乔恩：我认为你们的营销活动很弱。我一点震撼的感觉都没有。
>
> 玛雅：好啊。那么我们需要怎么做才能变得更好呢？考虑到我们的工期很短，我们今天先把讨论的重点放在概念阶段，这将有助于我们考虑如何改善营销策略。

按停止键——如果对话陷入僵局，这是您的紧急出口。请按停止键！这就首先拉开了你和对方的距离。你也可以建议每个人都暂停一下或者赶紧转移话题。如玛雅可以告诉乔恩，她可以单独和他讨论营销活动的要求，她完全有能力以一种礼貌而坚定的方式做到这一点。按下停止按钮！停止键可能会让你觉得不舒服，但总比矛盾升级强。

做好成功的准备

企业家哈里进入公司财务主管安迪的办公室。几天前，他们向一位私人投资者做了一个演讲，为他们最新的风险投资项目的下一阶段筹集资金。

> 哈里：嗨，安迪，我想和你说一下我们那个项目的进

度，我们没有得到资金。

安迪：该死。客户的反馈是什么？

哈里：好吧，斯科特对我们的数据不满意，但这并不奇怪。同时他对你的表现也不太满意。

安迪：哦，好吧。听起来很糟。他说什么了？

哈里：他觉得你状态不好，说你缺乏勇气。有空的时候我们应该谈谈。我今天一整天都在外面，明天吧？

关于这件事哈里的所有处理方式都是错误的，这是哈里做事不认真思考的另一个例子。他告诉安迪他们没有得到资金，这本身是没问题的，但他选择了错误的时间和地点来提供个人反馈。当你需要进行一次艰难的谈话时，你要选择在什么地方和什么时候进行。您的选择可以是：

· 此时此地。

· 此地和以后。

· 此时和其他地点。

· 在其他地方或以后。

如果哈里能花点时间考虑一下最好的选择，他可以选择本周晚些时候拿出一小时的时间和安迪坐在一起喝杯咖啡，并在见面之前仔细考虑如何处理对话。哈里对安迪的理财能力评价很高，但事实上安迪确实不善于沟通。考虑到这一点，哈里可以问他对自己的表现感觉如何，安迪可能会承认自己的表现不太好，这样哈里就可以相对容易地开始下面的谈话：

> 安迪，你有特别强的财务能力，这一点是我特别看重的。斯科特对你的一个评论是，你并不是一个天生的沟通者。他还说你缺乏勇气，但这句话太宽泛了，我觉得没有什么特别的帮助。首先我很想听听你的想法，然后我有自己的一些具体反馈。

通过设置语言情境，哈里成功地让安迪摒弃了防御或逃避的本能，并为安迪创造了坦诚地谈论自己优点和缺点的空间。哈里也会给出反馈，但要确保他的意见是具体可行的，而不是含糊不清和笼统的一些评价：如果哈里像佐伊一样，提出了一些精彩的问题，安迪会觉得自己得到了肯定，但同时也认识到自己需要提高改进的地方。

> 哈里：我知道这是一个小问题，但当他质疑你的五年预算时，你道歉了，我认为你不需要道歉。我希望当我对你的数据提出疑问时，你能表现得更自信。
>
> 安迪：是的，确实如此。不知道为什么，有时候我不会为自己辩护。

收拾残局

无论出于什么原因，我们总有可能陷入需要修复彼此关系的困境。在前面的章节，我们看到了项目经理拉斐尔如何在中国拜访刘伟，安排在中国的外包业务。现在，刘伟正在陪同公司副总裁来到英国，他们在最后时刻对行程进行了更改，刘伟发了一封电子邮件，宣布见面的新日期——就好像拉斐尔日程表里没有别的事情可做一样——拉斐尔对他们完全不考虑自己的日程安排感到恼火，当他回复邮件时口气变得很生硬：

> 那天我没空，你的计划调整恕我不能配合。

刘伟没有回复拉斐尔的邮件，两人的关系陷入了僵局。刘伟被拉斐尔邮件中不尊重人的语气深深地激怒了，毕竟是他在安排公司副总裁来访。

拉斐尔和刘伟之间的分歧部分，是由不同的文化规范造成的，但他们可以通过电话来沟通。拉斐尔有正当的理由拒绝刘伟提出的日期，因为那个时间段他需要在一个行业会议上发言，况且他不认为自己做错了任何事。当然，如果他对这件事情上心的话，他本可以请他的老板接待中国代表团。经过深思熟虑，他决定打电话给刘伟，把事情说清楚：

拉斐尔：我想我在邮件中的语气可能冒犯了你。如果是这样，我真心向你道歉。

刘伟：谢谢你，拉斐尔。确实，我很不高兴。在我们的文化中，尊重是必要的。这次访问对我个人很重要，我需要你的帮助，有人可以见我的副总裁吗？

拉斐尔并没有完全意识到这一点，但刘伟给了他一个机会来挽回面子，挽救这段关系。重要的是拉斐尔已经不再自以为是了。有些人可能认为道歉在商界是没有立足之地的。在一档综艺节目，中曾出现过这样一段话让我印象深刻："我完全认同道歉是一件伟大的事情，但前提一定是你错了……如果在遥远的将来我真错了，我会向你道歉的。"

我曾耗费巨大精力解决我自己制造的问题。解决问题并承担自己的责任并不容易，但让我惊奇的是，道歉可以解决大部分的问题并化解矛盾。相比之下，否认和自以为是几乎得不到尊重。

你该怎么办

>>> 第 1 步　区分意图和影响

如果把意图和影响区分开来，拉斐尔和刘伟之间的关系就不会紧张。我们必须要搞清楚，他们无意间触动别人的神经，可能只是说错了话，而不是性格有缺陷。我们越沮丧，就越觉得他们是罪魁祸首。但这是错误的逻辑。也许问题的一部分原因是我们对对方话语的解读。

如果拉斐尔和刘伟意识到了这一点，他们本可以避开陷入尴尬的境地。他们可以向玛莎学习。玛莎可以明确地区分影响和意图，很少会在人们说话不礼貌的时候与他们发生争执。

在实践中，你需要注意：当自己感到被冒犯时提醒自己，这不是对方的本意，这可以防止你们陷入不必要的相互指责中。

>>> 第 2 步　了解自己的价值观和责任

我们需要在谈话即将陷入僵局的时候，不断地提醒自己什么是最重要的。当你的情绪激动时，你很容易失去理智，这就是为什么我们会对爱的人说一些荒谬的话，或者愤怒地回复电子邮件，事后又拼命弥补。如果你能记住那些对你来说重要的事情，而不是陷入指责模式，你会在最重要的时刻做出不同的选择。

我听到杰基·斯图尔特爵士讲述了他在美国参加比赛的情景，一棵巨大的老橡树矗立在跑道上。他不愿意让自己或他的同伴处于危险之中，要求在比赛前把树砍掉。跑道所有者拒绝了，说这是一个可笑的要求，指出这棵树在修跑道之前就在那里了。斯图尔特不愿妥协，决定不参加比赛。在比赛开始的当天清晨，比赛组织者们很不情愿地砍倒了这棵树，但留下了一个短的树桩。这引发了另一场艰难的对话。斯图尔特坚持要把树桩也挖出来。你可以想象对方的反应，但在进一步的抗议之后，树桩被移走了。斯图尔特在起跑线上处于杆位，同一位车手丹尼·胡尔姆在他旁边。在第一圈，胡尔姆以每小时 180 英里的速度被甩出跑道，径直驶过那棵树的所在地，但他保住了生命。杰基的干预提醒我们，灾难和救赎可能就在一线之间。他说，无论谈话多么艰难，你都必须做正确的事。

没有什么比价值观驱动的对话更强大的了。在这种对话中，你很清楚自己的立场，而不是自以为是，你有更好的机会对分歧、挑战或挑衅做出反应。当你处于堆积、头晕目眩、浮光掠影和溢出模式时，你往往会把价值观抛之脑后。

 第 17 课：关注想法和感受，坚持自己的价值观和责任。

第十八章

创造未来

倾听处于萌芽状态的想法

苹果公司是由史蒂夫·乔布斯和斯蒂夫·沃兹尼亚克于 1976 年共同创立的。1985 年，乔布斯被迫离开苹果公司。12 年后，乔布斯回到四面楚歌的苹果公司。从 IBM 公司的宣传语"思考"中汲取灵感，他做了一项名为"非同凡'想'"的广告。向人们传递苹果公司"特立独行，做我自己"的品牌文化，听起来很疯狂，但这正是苹果所做的。

史蒂夫·乔布斯生硬的态度饱受诟病，但他能与人交谈并创造新的未来的能力，无人质疑。乔布斯和他的首席设计官乔纳森·伊夫明白，思想是通过说话和倾听来发展的。这就是为什么当被问及苹果公司的创新秘诀时，乔布斯没有给出一个关于拥有强大结构和系统的回答。相反，他说："创新来自人们在走廊里的会面，或者晚上 10 点半打电话后的一个新想法，或者在冥思苦想一件事后终于茅塞顿开。"

乔布斯和伊夫都不认同这样一个观点，那就是聊天是廉价的。与他人的互动交流是创造过程中不可或缺的一部分。事实上，在产品设计的早期阶段，他们的对话是创造性的过程。以下是伊夫在 2011 年乔布斯纪念仪式上所说的：

> 史蒂夫曾经对我说过，他也经常这样说，"嘿，乔纳森，这是个愚蠢的想法。"有时候这些想法确实很疯狂。但有时候这些想法好像把空气从房间里抽离，让我们两个人都陷入沉默。那些或大胆、疯狂、宏伟，或安静、简单、微妙的想法，细节是那么深刻。正如史蒂夫热爱创意和制作东西一样，他对待创意的过程也非常尊重。我认为他比任何人都清楚，虽然思想最终可以无比强大，但它们开始时是脆弱的，那些处在萌芽状态的想法很容易被错过，很容易被妥协，很容易被压扁。我喜欢他如此专注地倾听的方式，我喜欢他的感知力，他非凡的敏感度和他外科医生般精准的观点。

这里有一个关键问题。在职场，有多少处在萌芽状态的想法因为没有人倾听而被扼杀？有多少人像萨森的数码相机一样，因为人们的担忧和复杂情况而被雪藏？有多少人被压扁了，因为人们更致力于解释为什么这些想法没用，而不是倾听其中的哪怕一点点的可能性？

一切都从对话开始

如果你在世界上最大的公司，或许你可以随心所欲地创造未来，但如果你是从零开始，或者拥有一家小微企业，或者为一家现金短缺的小型慈善机构工作呢？无论你的处境如何，你都可以创造一个适合你的未来，从交谈开始。

2003 年，邓肯·古斯在广告业工作了多年，他在伦敦沃德街的一家名为"鼻涕虫和莴苣"的酒吧结识了一群朋友，当时他正在思考如何度过人生的下一个阶段。这群人中有人提到，世界上有 10 亿人无法获得清洁的饮用水，当晚他就产生了一个新的想法：推出一种叫"壹"的瓶装水品牌，其利润将为世界上最贫穷国家的清洁水项目提供资金。

古斯认识到想法本身是脆弱的，只是半成品，必须在想法周围建立一个结构。因此，他需要一小群坚定的盟友和伙伴的支持、鼓励和推动。两年内在经历数百次交谈沟通之后，第一瓶"壹"品牌瓶装水从生产线上滚落。与此同时，广播中听到鲍勃·盖尔多夫宣布慈善演唱会 Live 8 在全球直播，并呼吁八国集团各国领导人加大对发展中国家的援助力度。当古斯听到这个消息时，一个朋友打电话跟他说："你要让'壹'品牌成为 Live 8 的官方指定饮用水。"

古斯立即用瓶装水装满车，开车回伦敦，并和三个关键人物交流。因为他知道，这三个人可以使他的想法成为现实：鲍勃·盖尔多夫、Live 8 的制作人哈维·戈德史密斯，以及作家和制片人理查德·柯蒂斯。他的计划是开车去他们各自的办公室，送上自己的"壹"品牌，讲述属于自己的机遇故事。在他到达第三个办公室之前，盖尔多夫、戈德史密斯和柯蒂斯已经相互沟通并赞同他的想法。"壹"品牌成为 Live 8 的官方指定饮用水，由布拉德·皮特在台上向超过 10 亿观众宣传，而此时"壹"品牌还未上市。

自那时起，壹基金筹集了 2000 万美元用于惠及 300 多万人的水利项目。古斯和他的团队一直在提高标准，他们想出了一个疯狂的主意，把在全球范围内销售的"壹"品牌所得利润的 1% 捐赠给联合国。他们计划每年捐 30 亿美元来支持解决水资源短缺的问题。邓肯·古斯最强大的资产是他的说话和倾听能力。

情境的力量

与苹果或 Live 8 截然不同，欧娜的麻烦是商店销量差。她自己很清楚，如果她和她的员工不能找到一些灵感努力提高销量，自己就有可能失业。但她现在毫无头绪。商铺不在商业街上，但确实出售优秀的跑步装备，欧娜决定重新装修，吸引那些不想在网上购买装备的人。

欧娜下班后，准备召集员工聚在一起讨论几小时，并叫了比萨和几瓶啤酒。这不是单纯地放松聚会，因为他们中的一些人忙碌了一整天，而那些已经下班的员工需要从家里赶过来。

欧娜很好地设置了情境，要求她的团队进行不同类型的对话：

　　我非常感谢你们放弃了晚上的休息时间。大家都知道这段时间我们的日子不好过，我们的销量一直不好，但这不是因为缺乏尝试，关键在于本地营销。我们都不想挨家挨户地散发传单，我们需要找出更令人兴奋、更有意义的方法。但我不知道答案是什么，这就是我们今天聚在这里的目的。请不要排除或否定任何人的想法，即使你认为这很荒谬。请认真聆听！

　　刚开始进展得有点慢，有人提了几种类似发传单的方法，但至少没有人嘲笑他们同事的想法。最终本终于开口了："我想组织一个跑步活动。"

　　这就是乔纳森·伊夫描述的那个时刻，一个想法被提出来时，房间的空气好像被抽出来了一样，每个人都放下比萨、饼片和啤酒瓶抬头看着本。他们不太确定他是什么意思，但听起来很有趣，本接着解释说：

　　试想一下，俱乐部的跑步者和健身会员已经在健身房里跑步了。但很多人还是会来买装备，选择自己跑。我们为什么不组织一个跑步运动？我们可以在顾客进入商店时进行促销，在晚上营业时间结束后和他们一起跑步。我很乐意组织这个活动。

很神奇的事情发生了，他们谈话的情境发生了变化：他们正在探索如何组织一个运动，而不是销售单纯的商品。他们不再考虑自己的意见，而是考虑如何让本的想法得以实现。凯特说，她的一个朋友拥有一家印刷公司，可以以适中的价格为运动背心印刷号码。欧娜说她会和区域经理杰克谈谈营销预算的问题。其他人说他们会建立一个电子表格，来记录人们的详细信息并发送电子邮件提醒。

第一周，只有员工在跑步，他们中的一些人在想自己是不是疯了。在第二周，有两个客户加入了他们，之后本带了几个朋友来扩充了他们的规模。更重要的是，第二周来的两个客户带着几个朋友加入了进来。在邀请每一位进店顾客加入他们的跑步团的一个月后，他们招募到了30名跑步者，并像中了彩票一样用更多的啤酒和比萨饼庆祝。由于总部的营销部门的大力支持，每个跑步者在完成第三次跑步后都会得到一张可兑现的购物券。当地一家媒体写了一篇关于他们跑步团的报道，这是个重要的拐点，在那之后，参加跑步的人数翻了一倍，人们突然觉得自己是这个运动的一部分。三个月后，60人分为两组，速度较慢的那组首先出发，5分钟后第二组出发。他们跑完后被邀请在酒吧见面。一个跑步联盟已经形成，销售额也随之增长了25%以上。

在过去的几十年里，我有幸目睹了许多类似的谈话。有的人将单一组织转变为现代企业；有的人把一些可笑的想法转变成新的观点，占领了一个新的市场；还有一些人在一些落后的社区、学校和医院里改变了人们的生活。

你该怎么办

>>> 第 1 步 培养鼓励思考的环境

为了创造未来，你必须为不同类型的对话营造适当的空间。需要考虑的是：

选择环境：苹果的设计会议是在厨房举行而不是在会议桌旁举行，"壹"品牌瓶装水创意诞生在一家名为"鼻涕虫和莴苣"的酒吧里，这绝非巧合。我经历过的一些最有创意的对话，发生在偏远的地方，没有 Wi-Fi。欧奥娜不可能把她的团队带到那样的地方，但至少她买了啤酒和比萨。

设定情境：欧娜没有说我们需要提高销售额，然后直奔主题。相反，她为他们的谈话创建了一个框架，赋予了谈话的目的和意图。她要求她的团队尊重彼此的想法，但也明确表示她信任他们提出解决方案。设定的情境总是会影响人们的思考和参与方式。

建立认同：如果你允许人们陷入指责、专横和"是的，但是……"模式，那你就是在浪费时间，因为大家只会感到沮丧。相反，一起创建一些基本规则，找到一个参照点，就能真正解决问题。最重要的一条：把手机、电脑等电子设备收起来，如果大家都不再检查信息，集中注意力，效果会特别好。

控制团队规模：大多数举世无双的想法都是从一小群人开始的。有时，正确的步骤是：先与一个较小的群体分享想法，然后让更多的人参与进来，最后公之于众，与全世界分享。你可能听说过阿波罗13号的故事，在一次爆炸后，宇航员们被困在太空中，失去了电力、水和氧气。美国国家航空航天局的飞行指挥吉恩·克兰茨和他的团队完成了看似不可能的任务：地面人员几小时内就制定一套程序，这些程序通常需要几周的时间来制定、运行、测试。在克兰茨《永不言败》一书中，他回忆道，他召集了一次员工紧急会议。他没有直接谈正事，而是宣布房间人员太多，七嘴八舌什么事都不能做，他请人们自愿离开，以实现较小团队的思考过程。通过与一个关系紧密的团队保持对话，你就拥有更大的成功概率。

说出自己的想法，然后倾听：正如乔纳森·伊夫所说，即使一个想法被证明是一个愚蠢的想法，你也必须从说出它开始，然后倾听别人对它的反馈。长时间的沉默是创造性会议的特点，让人们有充分时间思考。

注意，在思考的环境中，没有地方浮光掠影和头晕目眩。你的工作是为可能性的出现创造空间，当它们出现的时候，往往是随机交谈和闲聊的产物，而这些谈话似乎本身没有什么目的性。

>>> 第 2 步　保持对话状态

创造可能性只是一个开始。如果你不精心呵护，它可能会很快消失，这就是为什么新年的大部分决议在几天内就被取消。应牢记以下原则：

倾听想法：欧娜和她的员工每天早上在员工会议上讨论他们的运营项目，在晚上关门前再次讨论以保持这种势头。贯彻整个过程的主线是对话。乔纳森·伊夫将苹果手表的最初研发阶段称为"手表对话"，包括持续几天、几周乃至几个月的时间抨击冒出的想法、涂鸦铅笔画、有启示的时刻抑或是陷入死胡同。直到 2011 年秋季，"手表对话"才正式转变为"手表项目"。

不断反思自己需要什么：你的想法越大胆，将面临的障碍越多，对你批评的声音就越大。因为这个原因，你需要把合作伙伴的兴趣重心放在如何实现这些想法，而不是为什么这些想法不奏效。每当批评者告诉你为什么你的想法是错的时，认真倾听他们给出的理由，问问自己需要做什么来克服它。通过这种方式，反对者可以帮助你识别陷阱，提高你的思维能力。

承担负责：如果你做出了一项承诺，告诉别人提醒和督促你。并不意味着他们会整天在你耳边提这件事；相反，他们会鼓励你，问你是否履行了承诺，并定期帮你验证假设。事实上，如果你告诉别人你的意愿，那你做成这件事的概率就会变大。

放弃控制：发明任何事物并让世界上所有的人享受到你发明

的成果是一个创造性的过程，有时会很混乱。如果你试图控制它，你会有搞砸的危险。自从本想出组织一个跑步活动的主意以来，欧娜已经授权他带头负责这件事，而不是试图采取个人控制。同样，本允许团队中的其他人做出贡献，而不是自己过度占有。如果你抓得太紧，你会把创意的火苗熄灭。

组织活动：如果你正在运作一个项目，为慈善机构筹款或领导一个企业，试着把它当作一个活动。在做到这一点之后，本、欧娜和他们的同事们的工作经历和之前就截然不同了。他们不再只是管理一家跑步用品店或是试图出售装备，他们把志同道合的人聚集在一起，帮助人们变得健康，并为世界创造一种美好的力量。人们自然会购买更多的跑步装备。

及时发现进步：最后，你需要在前进的过程中庆祝每个阶段性的进步，这会给你动力，帮助你一直沉浸其中，乐此不疲。再来点比萨和啤酒，就更完美了。

 第 18 课：闲谈不廉价，它会创造未来。

后 记
学会乘风破浪

　　在每个时代，人们都在努力适应变化的步伐。15世纪的德国本笃会修道院院长约翰尼斯·特里特米乌斯曾痛斥印刷机，预言"信仰会削弱，慈善会冻结，希望会消亡，法律会消失，圣经会被遗忘"。他完全有理由对印刷技术的使用感到恐惧，但事实上是印刷机让《圣经》普及，世界各地的信徒能读到《圣经》。到了15世纪末，甚至连修道院都建立了自己的印刷厂。

　　几个世纪后，亚历山大·格雷厄姆·贝尔为他的新发明——电话寻求投资，打算以10万美元的价格将专利权转让给西联电报公司。该公司总裁威廉·奥尔顿被公认为该国最重要的电气专家，但他认为这项专利毫无价值，"设计方案本身很空洞，专利没有意义，像个玩具"。两年后的1878年，西联电报公司意识到他们犯了一个严重错误，愿意支付2500万美元买下专利。但为时已晚，机会已经错失了，他们不得不后悔自己缺乏远见。

　　在电话出现的110年后，我记得第一次看到有人用手机的那一天，我的反应与特里特米乌斯和奥尔顿一样。我们一群人坐在那里开会，突然从椅子下面传出一个声音，大家都吓了一跳。我的一个同事在解开一个大袋子的拉链后，从里面拿出一个砖头大小的装置，放在耳朵旁边。我们哈哈大笑："这就是未来吗？"结果确实如此。

随着新信息技术浪潮一次又一次地席卷我们，我们被裹挟着进入了堆积、头晕目眩、浮光掠影和溢出的模式。即使如此，我们也要确保自己不会忘记如何通过对话来表达想法。

有关前进的探索

期望完美是进步的敌人，谈话的即时性决定了内容混杂，很难做到完美。但我们可以通过观察和实践，慢慢摸索该将注意力集中在哪里。例如：

·如果你的注意力集中在上一次谈话或下一次谈话上，你会降低当前谈话的质量。

·如果你认为你必须说"正确的话"，你会把注意力牺牲在表现自我方面。

·如果你专注于对真相的探求上，你将无法倾听别人的故事。

·如果你沉迷于按照预先准备好的脚本行事，那么当谈话发生意想不到的迂回时，你会失去平衡。

·如果你最关心的是被人喜欢，你会总是避开棘手的谈话。

· 如果你的注意力集中在自我保护上，在压力下你会自动开启责备他人模式。

好消息是，你可以选择在每次互动中把注意力集中在哪里。下面是三条基本原则，可以像指南针一样，让你时刻行进在正确的方向：

关注付出

几年前，我的一个朋友放弃了在富时 100 指数公司担任运营总监的工作，成为一名历史教师，这是他长期以来的愿望。接受自己的收入下调几个档次，需要很大的勇气，但他还是下了决心，并在一所大型中学找到了工作。但一学期后，他辞职做回了原来的工作。我问他为什么教师的工作做不下去了，他描述了办公室里令人沮丧的气氛。简单地说，他的同事们个个精疲力竭，终日忙于控制课堂和达到考试目标，而最初把他们带到教学中的为学生付出的喜悦已经丧失殆尽。

我遇到过很多人，他们不再强调付出，或者一开始就不想付出。当我们依赖生存策略来完成自己的任务清单时，我们忘记了工作是为我们的客户、患者、学生、股东或选民做出贡献。应对和贡献是不相容的。如果我们希望让工作恢复目的感和意义，那么工作就会变成了自我表达的机会。最佳实现方法是，在日常对话中把贡献放在每个互动的核心位置，小小的贡献可能会产生重大的影响。

相信自己

我最近与一家正在经历巨大转型的 IT 公司合作。在将客户数据迁移到新系统的巨大压力下，公司领导层要求我帮助设计一个与公司技术团队 40 名员工的会议，以传达下一阶段的计划。我问他们通常如何召开此类的会议，他们说："我们会做一个三小时的 PPT。"我建议他们调整说话和倾听的比例，即大幅度地提高员工讲话的比例。他们面面相觑，有点不知所措，最后有人问："他们会谈论什么？"我回答道："让我们听听他们的担忧和问题，然后利用他们的专业知识来帮助制订计划。毕竟，系统最终由他们交付给客户。"

我说完后，他们都眯起眼睛看着我，好像我让他们赤身裸体地跑入办公室。这些领导人的问题是，他们不相信自己有能力与员工进行真正的对话；这让他们感到太可怕了。确实，大的团队可能让人望而生畏，但销售活动、愤怒的客户、闲散的同事、商业谈判、项目审查会议和挑剔的老板，诸如此类，哪样不是如此？如果他们能有信心，有能力应付这些情况，结果就会大不一样。事实证明，这些领导人确实与他们的技术团队进行了真正卓有成效的对话，他们很高兴地发现没有被排斥。但这段经历让我开始思考一个问题："为什么这种有效沟通不是工作中的常态，而仅仅是一次性的行为？"

信任型对话的途径是专注聆听。如果你处于浮光掠影模式，把自己的意志凌驾于他人之上，满脑子只想着自己的发言，思考下午该做什么，或者认为这场对话毫无意义，你就不可能做到专注聆听。有自己的想法并表达出来，这完全正确，但要首先认真聆听。当你慢慢专注于对话时，你与谈话的关系也发生了变化。你不需要刻意准备说正确的话，当你专注于交谈时，你自然而然就准备好了。你不是强迫谈话往前推进，而是娓娓道来。当你体验到这种方法的好处时，你会对谈话本身充满信心。

成为一名学习者

尽管困难重重，我们从失败中学到的远比从成功中学到的多。如果我们对自己诚实，我们都是学习者；如果我们自大，认为自己对一切了如指掌，生活就会以实际行动让我们谦卑。正如非洲裔美国诗人玛雅·安吉洛所说，我们能学会的最重要的东西，就是明白我们有太多东西要学。我们也要认识到，在每一次谈话中，我们都面临着一个选择，我们可以原地不动，也可以心怀好奇。闭关自守使我们显得不那么脆弱，但却使我们变得很有防御性，随时准备指责某人或为自己的观点而战。好奇心则会带来一些不确定性，因此会让人感觉不舒服，但它会让我们对生活持更开放的态度。

我们中的大多数人成年后都在工作中度过，而我们最大的愿望就是让工作有意义。事实上，在工作中，我们有时会感到无聊、沮丧、有压力。如果我们勇于说出自己的想法，同时也积极帮助别人这样做，那我们就有了一个自我表达、合作、贡献和成功的绝佳机会。毫不夸张地说，我们的每一次谈话都有机会让对方感受到被了解、被倾听和有权利做出改变。通常，我们所需要的全部只是开始谈话的勇气和承认自己不知道答案的谦逊。

把小小的变化当成日常习惯

随着时间的推移，本书中的各个人物都在从无意识的反应到有意识的回应模式的转变中，体会到了切实的好处，并慢慢地将这种新模式培养成为生活习惯，例如：

·政策顾问芬恩开始他的新工作，并在面临挑战时努力采取第二和第三种视角，让自己在谈判中获得有利地位。

·企业家哈里开始在做出过激反应之前启动自己的理性思维。如果他感到愤怒，他会在发送邮件之前把邮件保存在草稿箱中，或者等到情绪冷静下来，再拿起电话进行理性沟通。

·体育零售区域经理杰克正在练习做事情要一步一步慢慢来。他最美好的时刻，是他的女儿埃莉说他正在慢慢地学会倾听。

·学校老师露易丝现在说"不"的次数是以前的两倍，她不再无条件地接受别人的要求。马特不认为这是消极怠慢，恰恰相反，他对露易丝的工作能力很有信心。

·医院志愿者玛莎通过倾听与患者建立融洽关系，继续为重症监护病房的访客带来福祉。

·玛雅和卢卡斯举办了一系列午餐时间研讨会，鼓励同事重视融洽谈话的优点。

·项目经理拉斐尔知道，当他的团队正在测试代码时，他需要测试假设，并成为公司在这类问题上的权威。

·施工经理赛伊明白，不要在权威面前放弃自己的权利。

·运营总监瑞拉从亚历克斯的辞职中吸取了教训，并优先了解团队成员的动机。

·公司所有者佐伊将问题与答案的比例转换，看到了艾德和其他团队成员在信心和经验方面的成长与进步。当她放手的时候，她和她的员工体验到了一种全新的自由感。

他们会时不时地倒退回过去的习惯和无意识的反应中，这是由堆积、头晕目眩、浮光掠影和溢出造成的。这也正常，人非圣贤，孰能无过？但是，不管工作对他们有什么影响，他们都能更好地发出自己的声音，应对艰难的谈话，尤其是在他们面临压力的时候。

我最大的希望是，这本书能有助于你相信自己有能力在任何情况下与任何人顺畅交流。

这并不是说你需要一个预先准备好的答案来应对每一个可能发生的事情；相反，通过专注聆听和相信自己所拥有的技能，你将会谈吐不凡。如果你不知道该说什么，牢牢记住：倾听的力量是无法估量的。

虽然我们不知道未来会怎样，但我对一件事很有信心：我们会在交流中创造未来。

致 谢

本书是过去25年与许多杰出人士合作的产物。我非常感激他们给我学习的机会，并允许我犯错误，哪怕是他们承担代价。非常感谢我的朋友和同事，他们耐心阅读我的手稿并给出了宝贵的意见。感谢我的女儿艾米丽，她证明了自己卓越的研究能力。

我很幸运能得到曼联经纪人罗伯特·柯比和沃特金斯经纪人菲奥娜·罗伯逊的指导。菲奥娜的支持和鼓励对我来说和她的编辑技巧一样宝贵。我也从杰西卡·卡斯伯特·史密斯、弗拉·科西尼、乔·拉尔和维克·哈特利的帮助中受益匪浅。

回首往事，我在学校读书时没有人强迫自己哪条职业道路。我的父母鼓励我去冒险，朝着自己热爱的领域大步前进，同时允许我走弯路，这对我来说是最可宝贵的职业建议。

大约在我快完成本书的写作的时候，一个门诊医生在一个星期四的早晨面临一场艰难的谈话。他告诉80多岁的门诊患者伊丽莎白，她的胃痛比她想象得还要严重，而且没有治疗方案。那天晚上，伊丽莎白鼓起勇气，给家人打电话告诉他们这个消息。因为伊丽莎白是我的母亲，有一个电话是打给我的。在她生命的最后几周，我们需要与护理人员、顾问、医生、护士和夜间保姆进行数百次对话。任何有过这种经历的人都不会说谈话是廉价的。在她40年与残疾人共事和为社区服务的过程中，成千上万的人在与我母亲交谈后感到被了解、被爱和被需要。感受不到她的爱是不可能的。她教我如何慢慢地倾听，这本书是献给她的。

我的母亲并不是唯一一位愿意倾听我的人。我的妻子莎莉从来对我敞开心扉，我永远感激她，我的任何所谓成就都是她的。我们的孩子，艾米丽、罗西和马库斯，他们每大都在训练我们的沟通能力。最重要的是，这种沟通让我快乐，心满意足。